食料自給率100%を目ざさない国に未来はない

島崎治道
Shimazaki Harumichi

a pilot of wisdom

目次

図表制作／テラエンジン

はじめに

ここ数年の間に、日本において、また世界においても、食料[*1]に関するさまざまな問題が持ち上がり、人々の関心を集めています。

トーストにバターを塗り、一杯の牛乳を飲んで、学校や職場へ出かけるというのは、わが国で日常的にみられる光景です。ところが、二〇〇八年、突然、食品売場からバターや牛乳が姿を消すという事態が起きました。

過去にも、一九七三年のオイルショックの影響で、トイレットペーパーが売場から消えたという例はあります。この混乱の原因は明確で、第四次中東戦争の勃発と石油輸出国機構による原油価格引き上げによるものでした。しかし、〇八年にバターや牛乳が消えた原因は、オイルショックのときのような単純なものではなく、重層的な要因によるものです。

また、〇八年一月三〇日に報道された「中国製冷凍ギョウザ薬物中毒事件」は、わが国の消費者の意識を大きく揺さぶりました。日本の食料品の多くが輸入製品であり、国内で生産される安全な食料品が決定的に少ないことが表面化したからです。こういった事件が契機となり、にわかにわが国の食料自給率の低さが社会問題となって浮上しました。

他にも、ミートホープ社の悪質な「牛肉」偽装事件（〇七年）や、中国産ウナギを国産と偽った魚秀《うおひで》の偽装表示事件（〇八年）など、数々の偽装事件が日常的に報道されました。しかし、二つの事件が内部告発で明らかになった事実から考えると、これら食品偽装事件は氷山の一角にすぎないと思われます。

そして、〇八年九月六日、消費者を震撼させる食品事件が、マスコミによって一斉に報道されました。日本政府が輸入したコメのうちで、工業用として発売された汚染米（カビ毒やメタミドホスが混入した事故米）が、「三笠フーズ」によって給食、菓子、焼酎などの材料として転売されていたのです。その後の農水省の発表によれば、汚染米は四〇〇近い業者に流通していたとされています。

政府は「国には責任はない」と主張しましたが、日本人がもっとも信頼している食材であるコメに汚染米が混じっていたという点では、まさに前代未聞の食品事件だったといえます。
いずれの事件も直接的な原因はいろいろありますが、その大もととなる要因は、わが国の食料自給率が極端に低いことなのです。つまり、マスコミの報道などより、事態はいっそう深刻なのだということをご理解いただきたいと思います。

農水省の発表によると、六〇年には七九％だった食料自給率は年ごとに下がり続け、九七年には四一％まで低下してしまいました。そして、九八年から〇五年の八年間は四〇％を維持したものの、〇六年には三九％に低下。そして食料自給率の低下が社会問題化した〇八年になって「〇七年は四〇％に回復した」と発表したのです。回復したといっても、わずか一％上昇したにすぎません。この数字だけでも、わが国は、食料の半分以上を海外からの輸入に依存する、食料確保に関するリスクがきわめて高い危機的な国だということが分かります。[*2]
しかも、第二章で詳しく述べますが、ずっと四〇％の自給率を「堅持」していたはずの九八—〇五年の間、日本の農地、農家は減少の一途をたどっていたのです。つまり、四

○％という数値を維持できたのは、農家が田畑で行った努力があったからではなく、農水省の「机の上での努力」によるものではないかということです。

公表されている数値が、実態を正確に反映しているとは思えません。筆者はわが国の実質的な食料自給率を二○％前後と考えています。理由は、わが国の農業や水産業には、農産物、畜産物、水産物などを一貫して生産するための持続可能な態勢が築かれておらず、自給にはほど遠い空洞化した生産システムになっているからです。

仮に発表通りの四○％の自給率が確保されていれば、冒頭で紹介した、バターや牛乳が店頭から消えるというような事態は起こらなかったでしょう。

世界で起きていることもみてみましょう。

○八年六月三—五日に、イタリアのローマで約一五○の国の代表が参加して「食糧サミット」が開かれました。FAO（国連食糧農業機関）が主催した、世界的な穀物価格高騰への対応を協議するための会議で、各国がかつてない白熱した議論を展開する場となりました。

福田康夫首相（当時）はこの会議で、穀物輸出国の輸出規制への動きに対して自粛を要請し、穀物以外でつくるバイオマス燃料の研究、実用化を提案しました。また、現在の穀物価格の高騰で、新たに一億人以上が飢餓に追い込まれる心配がある、とも発言しました。

しかし、このような福田首相の発言に対し、穀物輸出を禁止したかつての輸出国であるインド、ベトナムなどから「自国民の食料を守ることは当然のこと。食料確保を優先する」と反論され、穀物以外でのバイオマス燃料の生産についても、生産量世界一のアメリカや二位のブラジルの「食料の供給にはほとんど影響を与えない」という主張によって一《いっ》蹴《しゅう》されてしまいました。

この「食糧サミット」では、日本の貧弱な「農と食」の実情と、国際情勢の厳しさが浮き彫りとなりました。筆者は、輸出国への懇願を繰り返すばかりで、自国での食料生産を見直す気配のない福田首相の発言に、恥ずかしい思いすら覚えました。世界一の食料輸入国である日本は、世界中の食料を買い集めることによって、いわば、世界の飢餓を拡大していることになるからです。

食料に関する国際協調態勢はきわめて不安定です。したがって、わが国は早急に食料自給率の向上策を立て、ただちに食料の増産にとりかからなくてはなりません。そうした努力の結果は、世界的な飢餓の発生を多少でも抑制することにもつながるのです。
〇六年の世界の穀物生産量は、約二二億二一〇〇万トン。[*3] この量が約六五億人の世界人口に対して均等に供給されれば、一日一人あたり約九四〇グラムになるはずです。これは、カロリーに換算すれば三三〇〇キロカロリーあまりに相当するため、[*4] 単純計算なら、世界に飢餓は発生しないことになります。

しかし、〇八年時点の暫定推計で、世界には九億六三〇〇万人の栄養不足の人々がいるとＦＡＯは発表しています。食料輸出国と輸入国との政治的、経済的な関係が錯綜《さくそう》していて、余剰農産物が食料不足の国に対して均等に分配されていないからです。

加えて、〇七年以降は穀物価格の高騰が貧困国を直撃し、世界各地で暴動が起きて、国際社会の大きな問題になったのです。

一般的に考えれば、余剰農産物を輸出している国が、食料不足の国に対して食料支援をすればこのような暴動は起きないはずです。しかし、人道支援のために無償で提供できるような余剰農産物はない、というのが実情です。

かつて、小・中学校の社会科では、「社会の発展とは、産業構造の重点が第一次産業から第二次産業へ、さらに第三次産業へとシフトしていくことである」と教えられました。しかし、現在の先進諸国にその図式は当てはまりません。

アメリカ、フランス、ドイツなどの穀物自給率（〇三年）は一〇〇％を超えています。[*5]つまり、農業国であり、かつ工業国でもあるのです。

さらに、アメリカ、フランス、そしてイギリスなどには、農業生産の規模を拡大した農家に国が支援を行うシステムがあります。わが国でも、生産調整をした水田で小麦、大豆などを生産した農家すべてに補助金が支払われる仕組みになっていれば、食料自給率の維持、向上に役立つはずです。しかし、〝コメを生産しない農家に補助金が支払われる〟ことに力点が置かれている従来の政策では、食料自給率の向上には逆効果です。

そのうえ、政府はコメなどの農産物の輸出を推進しています。しかし、日本のように食料自給率の低い国が農産物を輸出することは、自給率をさらに低下させるだけでなく、輸入食料を増加させ、安全性に不安のある食料が市場に出回ることにもつながりかねません。

食料自給率の低下がさまざまな社会問題を引き起こすことになる、と強い危惧《きぐ》の念を抱き続けてきた筆者は、農の現場、食の現場に立ち続けながら、大学で「農業・食料論」を講義しています。

ところが、大半の学生は、コンビニエンスストアやスーパーマーケット、デパートの地下食品売場に食料品があふれている光景を日常的にみているため、食料品があることが当たり前だと思っています。しかし、当然のことながら、食品売場は単なる売場であって、食料品の生産地ではありません。わが国の食品在庫は、国が備蓄している穀物を含めても、一カ月分にも満たないのが実情です。

では、いま、日本で起こっているさまざまな問題と食料自給率の係わりを具体的にみていくことにしましょう。

1 「食料」とは、穀物類、イモ類、野菜類、果実類などの農産物、牛肉、豚肉、鶏肉などの畜産物、魚介類などの水産物の総称である。また、この食料に加工品を加えたものを「食料品」といい、食料品に飲料を加えたものを「食品」という。

ちなみに、「食糧」は、おのおのの国が主食とする食べ物を表し、日本ならばコメ、アメリカならば小麦、アフリカならばトウモロコシなどがこれに相当する。世界の国々が自国の人口を支えるための食料について話し合う場が「食糧サミット」と呼ばれるのは、特に開発途上国で食事における主食の割合が高いためである。

また、国ごとに主食が異なるので、国際比較をする際には、主食類を総称する「穀物」という言葉を用いる。つまり、「穀物自給率」とは自給可能な主食の割合を示すもので、各国の食糧における自立度を判断するうえで重要な数値となる。

2 ○九年八月、農水省は平成二〇年度「食料需給表」を発表し、食料自給率が四一%となったとした。ただし、本書では、食料自給率などに関する数値は平成一九年度「食料需給表」に基づいている。

3 『世界国勢図会　2008／09年版』二一二、二一七頁

4 平成一九年度「食料需給表」二八―二九頁にある、穀物一〇〇グラムあたりの熱量三六〇・二キロカロリーという数値より算出した。

5 同前、二六五頁。ちなみに、FAOは〇四年以降の諸外国の食料データを発表していない。

第一章　食料自給率の低さが意味するものは？

食料とは、農産物、畜産物、水産物の総称であり、気候、地形、地質などその土地固有の風土によって育《はぐく》まれるものです。そして、天候などの外的な影響を受けやすく、それによって供給が不安定になり、価格が変動する可能性をつねにはらんでいます。

食料の持続的供給に支障が生じれば、社会は混乱してしまいます。それが、人々の生存そのものが脅かされる事態を招くことを意味しているからです。

輸入食料の一大展示会

さて、食料自給率とは、国内で消費する食料のうちで国産が占める割合のことです。二〇〇七年の日本の食料自給率が四〇％であったことはすでに述べました。

各家庭に毎日のように配られている、スーパーマーケットの食料品のチラシをみてください。アメリカ産、ノルウェー産、カナダ産、中国産など、大半の品目が外国産であることに気づかれると思います。

〇七年七月に東京都近郊で配布された新聞の折り込みチラシから、外国産食料品をピックアップしてみました。

［畜産品］
オーストラリア産：牛肩ロース焼肉用、牛もも冷しゃぶ用、牛ばらブロック、ローストビーフ用、牛サーロインステーキ、牛肩カレー用、牛肉とインゲン焼肉用味つけ、牛肉ばらカルビ焼肉用味つけ
メキシコ産：豚肩ロース冷しゃぶ用、豚生姜焼用、豚肉うす切り
カナダ産：豚ばらブロック
アメリカ産：豚肩ロースバーベキュー用、豚肩ロース切り落とし、豚ロース、豚肉スペアリブ
ブラジル産：若鶏もも肉　　など
［水産品］
チリ産：銀鮭、中塩銀鮭、鮭西京漬け、トラウトサーモン刺身用、塩銀鮭切身、キング

サーモン
アメリカ産：筋子醬油漬け、ボイルやりいか、天然紅鮭中辛塩、ほっけ干し半身、甘塩
紅鮭
ロシア産：明太子、縞ほっけ切身、むきかれい切身
アイスランド産：子持ちししゃも
アイルランド産：あじ開き
ノルウェー産：あじミリン漬け、塩さば半身
イギリス産：甘口塩さば
メキシコ産：真だこ
モロッコ産：真だこ刺身用
サウジアラビア産：えび（解凍）
オーストラリア産：天然えび
インド産：ブラックタイガー
インドネシア産：ホワイトえび、刺身用きはだマグロ中落ち（解凍）

中国産：うなぎ長焼
ベトナム産：ブラックタイガー
台湾産：メカジキ切身
ケープ沖産：メバチマグロ
地中海産：本マグロ中とろ、マグロ平盛
太平洋産：マグロ切り落とし、メバチマグロ赤身
オホーツク産：中塩紅鮭　　など

［農産物］

南アフリカ産：グレープフルーツ
アメリカ産：ブロッコリー、オレンジ
ニュージーランド産：キウイフルーツ
フィリピン産：バナナ、パイナップル
韓国産：パプリカ　　など

わが国の食料が全地球的規模で外国に依存している様を如実に示す実例です。

自給率とは生存の可能性を保障する数値

では、食料自給率が低いということは、どういうことを意味するのでしょうか。

食料は、元来、生産したものをその国や地域で食べることを基本としていました。したがって、食料自給率の数値は、国民の生存の可能性を保障する数値である——と言っても過言ではありません。

アメリカのような食料輸出国は、国が補助金を出すことによって、輸出する食料の価格を輸出先の国の国内市場価格よりも低く抑えています。そのため、輸入国は、自国で生産するより安く入手できるのだから得だと考えて、どんどん市場を開放してしまいます。その結果、輸出国は輸入国の国民が生きていくための食料を政治的に掌握することになり、主導的な立場を獲得できるわけです。一方、輸入国は国民の命が担保にされるため、力関係において弱い立場に立たされます。つまり、食料自給率は、国家の自立の度合を示す数値ともいえるのです。

現在の食料輸出国が、永続的に食料余剰国であり友好国であれば、安定的な食料確保は可能でしょう。しかし、食料生産は天候や災害からの影響を避けることはできませんし、国際経済の動向にも大きく左右されます。そして、国際関係はつねに不安定です。

わが国の農業は、輸入食料との価格競争に敗れ、農業の担い手である農民も、食料を生み出す農地も激減しているのが現状です。「自らの命は自らで守る」という考え方に立てば、これはかなり危険な状態といえます。

飛び抜けて高い日本の対外依存度

実は、食料自給率と一口にいっても、何に基づいて算出するかで、カロリー自給率（供給熱量総合食料自給率）、金額自給率、穀物自給率、品目別自給率など、さまざまな数値が存在します。先進国間で比較をするときは、多くの種類の異なる食料が供給されていても比較できるという理由で、カロリー自給率の数値を「食料自給率」として用います。

カロリー自給率は、各食料の供給熱量に基づいて計算された数値です。供給されるすべての食料を品目ごとにカロリー計算して国内総供給熱量を算出し、そのうち国内生産した食料のカロリーがどれだけの割合かを示したものです。ですから、このカロリー自給率が低いということは、その国の国民が得ているカロリーが、国際的な食料の需給変動や輸出国の政策によって左右されることを意味しています。

先進国の〇三年の食料自給率をみると、アメリカは一二八%、フランスは一二二%、ドイツは八四%、自給率が低いといわれているイギリスでも七〇%です。[*1] 仮に日本の食料自給率が農水省の発表通りに四〇%だとしても、残り六〇%ものカロリーを他国からの食料に依存しているわが国は、先進国のなかでも飛び抜けてリスクの大きな国だといえます。

各国は、万が一のときにも食料を自給できるように備蓄制度を実施していますが、わが国の備蓄量(〇八年)は、コメが約一〇〇万トンで一・四カ月分、食用小麦が約七七万トンで一・八カ月分、飼料が約九五万トンで一カ月分、大豆が約三・一万トンで一四日分にすぎません。[*2] この点でも、日本はリスクの高い国だと言わざるをえません。

また、野菜、果実、畜産物、水産物の多くは、冷蔵・冷凍処理することにより長期的な保存が可能ですが、それは電気、ガス、上下水道などが正常に稼働していることを前提とした話です。それらのインフラ機能が停止してしまえば、数日で多くが腐敗します。

カロリー自給率の国際比較

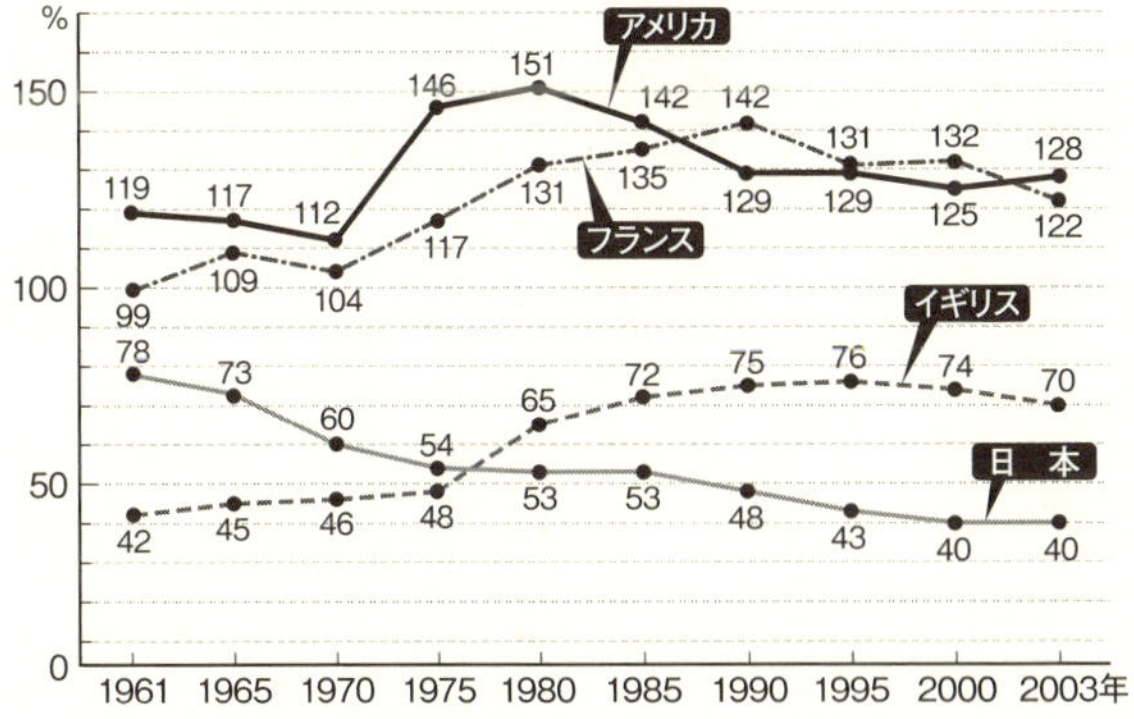

平成19年度「食料需給表」（農林水産省、2009年3月公表）より作成。
※2004年以降については、算出のもととなるFAOのデータが発表されていない。

国民1人1日あたりの供給栄養量の国際比較

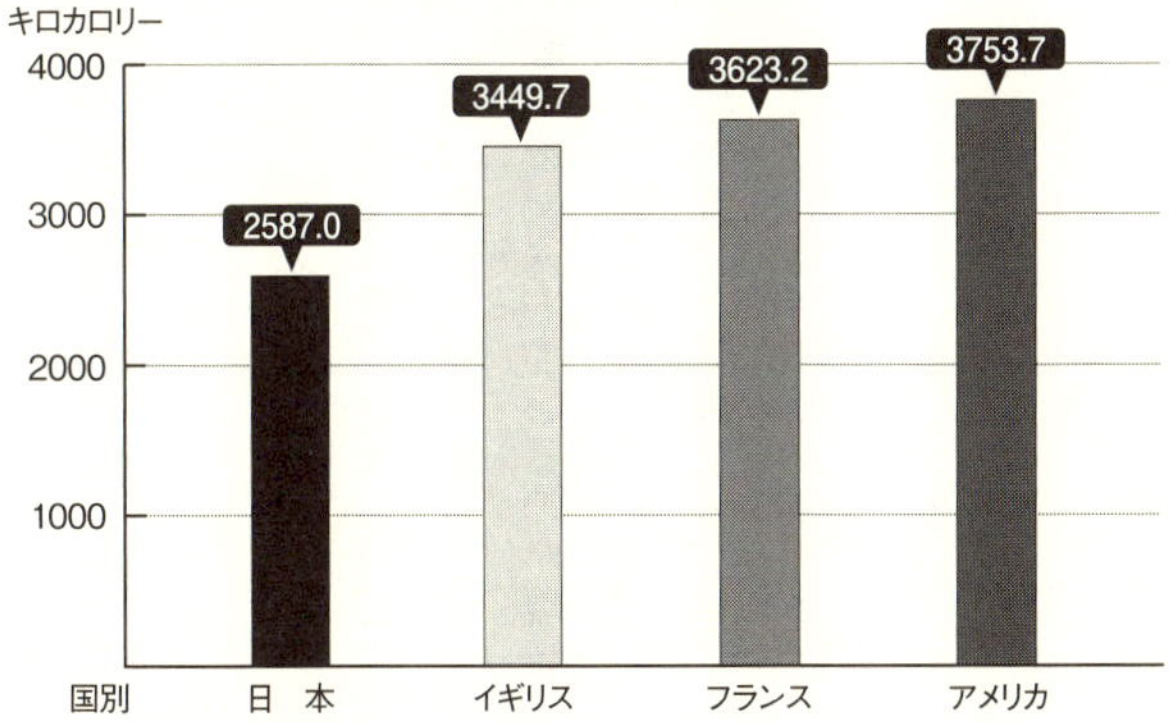

平成19年度「食料需給表」（農林水産省、2009年3月公表）より作成。
（注）2003年のデータ。アルコール類は含まれていない。

もし一切の食料輸入が止まった場合、日本中のスーパーマーケット、デパートの食品売場、コンビニエンスストア、食品専門店などの在庫と国の備蓄分を合わせても、国民全員が現状の量を食べ続ければ一カ月も持ちません。

もう一つ重要なのは、種子の問題です。

わが国同様、食料の対外依存度が高いスイス（〇三年の穀物自給率が四九％[*3]）でも、主要穀物を四カ月分程度備蓄し、自国で生産している種子から、穀物の再生産もしています。しかし日本は、コメの種籾《たねもみ》以外は、ほとんどの作物の種子を輸入しているのが現状です。このことについては、第二章で詳しく述べます。ともかく、輸入が停止された場合、日本はまず種子づくりから始めなければならないのです。これは自前で農産物を生産できるようになるまで、数年を要することを意味します。これでは、非常時に間に合うわけがありません。

食料確保に関するリスクが世界一高い国

〇三年、農林水産政策研究所という機関が、「フード・マイレージ」というデータを公表しました。これは、食料の輸入量とその輸送距離から、その食料の輸送によって排出される二酸化炭素がどの程度地球環境に負荷を与えるかに着目して算出されたもので、輸入量に輸送距離をかけたトン・キロメートルという単位で示されています。

九〇年代のイギリスでサステインという非政府団体が始めた、地産地消（生産されたものをその地域で消費すること）を推進して環境への悪影響を低減させようという運動が、このフード・マイレージのヒントとなったということです。

わが国のフード・マイレージは約九〇〇〇億トン・キロメートルで[*4]、輸入量もさることながら、輸送距離が長く輸送時間もかかっているのが特徴です。しかも、日本の数字は計測が行われた六カ国中の最高値で、アメリカや韓国の約三倍、イギリスやドイツの五倍前後と飛び抜けて高いものです。それだけ日本が食料確保に関するリスクの高い国だということを示しています。

輸送のための距離や時間が長いということは、食料の劣化や腐敗など、安全面での不安が大きくなるということをも意味します。また、生産地が遠方だと、その地域の正確な情報が伝わりにくく、リスクアセスメントやリスクマネージメント、リスクコミュニケーションが難しくなるという側面もあります。

フード・マイレージの数値をできるだけ縮めることが、わが国の食料の安定的供給や安全性の確保のためには不可欠です。

食料危機発生の可能性

食料問題を扱う国際機関として、WTO（世界貿易機関）やFAOなどがありますが、食料不足の国に対する支援の責任を負うための組織ではありません。食料問題は、すべて各国が自国で責任を持って解決すべきものなのです。

一カ月分程度の食料品しか備蓄していない日本で、仮に食料の輸入が一カ月以上滞《とどこお》り、その後も輸入再開の目処《めど》が立たなかったらどうなるでしょうか。

食料輸入が停止になるような事態とは、どんなことなのか、想定されるケースを考えてみました。

●温暖化など、地球的規模の気候変動により、世界各国の農産物の生産量が激減して価格が高騰した結果、政府が確保に努めても追いつかず、食料輸入が困難になる場合。
●ＢＳＥ（ウシ海綿状脳症）、Ｏ－１５７、鳥インフルエンザなどの感染性の病原体が輸出国で発見され、人間への感染の恐れがある、あるいは人間への感染が確認されたため、食料の輸出入が禁止される場合。
●安全性に問題のある食料品が大量に輸入されながら、その原因がつかめず、輸出先の国との食料貿易を停止せざるをえなくなる場合。
●輸出国が、台風や地震など予測できない自然災害に見舞われて、食料輸出ができなくなる場合。
●わが国に対する政治戦略の一環として、輸出国が輸出を禁止ないし制限する場合。
●原子力発電所や放射性廃棄物が原因となる事故や、核兵器や細菌兵器などによる生態系の破壊のような予期せぬ出来事により、輸出国で食料生産ができなくなる場合。
●大規模なテロや戦争によって、食料の輸入ルートが潰滅してしまった場合。
●中長期にわたる港湾ストライキなどにより、輸出国の国内事情が混乱する場合。
●オイルショックと同様の、穀物メジャーの操作による「フードショック」が起こった場合。

●イギリスの経済学者マルサスが『人口論』（一七九八年）において主張したような、「食料は算術級数的にしか増加しないが、人口は幾何級数的に増加するために、過剰人口による社会的貧困と悪徳が必然的に発生する」事態となった場合。

●政府の農業政策の誤りにより、生産と消費のバランスが崩れ、生産量が消費量に追いつかず決定的な食料不足を発生させる場合。実際、九三年には、冷夏による不作のために二〇〇万トン以上のコメが不足し、日本政府が緊急輸入を行ったという事態が生じています。

読者のなかには、「アメリカの同時多発テロやイラク戦争、あるいはアメリカ南部を襲ったハリケーン・カトリーナ、スマトラ島沖地震による津波など、さまざまな事件、事故、災害が起こった場合でも、日本への食料輸出停止はなかったではないか」と考える方がいるかもしれません。しかし、食料の備蓄の少ないわが国には、一歩間違えれば、生活上でも経済活動でも混乱を生じる可能性がつねにあるのです。

一例をあげましょう。アメリカからわが国へ輸出される飼料用トウモロコシや大豆の約八割は、全米有数の貿易港であるニューオーリンズから、穀物専用輸送船で運ばれてきます。そのニューオーリンズが〇五年八月にハリケーン・カトリーナの直撃を受け、日本向けの穀物の積み出しが一時的にストップしてしまいました。現地関係者の復旧に向けた努力などによって、奇跡的に事なきを得たのですが、当初は、復旧作業が難航し、長期にわたる輸入ストップという事態も懸念されていたのです。

食料の輸入途絶の危機は、あらかじめ想定することはできても、それが発生する時期までは予測できません。しかし、国を挙げて食料の自給を実現させれば、緊急時にも破滅的な危機は回避できるのです。

「食料危機マニュアル」の概要

繰り返しますが、先進国のなかで、食料に関してこうした多くのリスクを抱えているのは日本だけです。

農水省も、一応はわが国の「食」の危機的状況を認識しているのでしょう。自ら、「食料の多くを海外に依存する我が国の食料供給構造には、食の安全や安定的な供給の確保の観点からぜい弱性が内在している」と警告しています。[*5]

そして、〇二年三月に、不測の事態が起きたときのための「食料危機マニュアル（正式には「不測時の食料安全保障マニュアル」という）」を作成しています。その内容は次の通りです。

●レベル0
食料危機の兆候を察した段階。日本のコメの不作、主要輸出国の生産や輸出、輸送に支障や混乱が生じそうな兆候、安全性の問題から輸送や販売が規制されそうな状況などが生じた場合。予防的、初動的対策として、情報収集に努め、備蓄を活用するための準備をし、輸入先の多角化を図ると同時に、不安を鎮め無駄をなくすための国民に対する広報活動、生産者への出荷促進の要請、業者への買占めなどの防止の呼びかけなどを行う。

●レベル1
特定の品目について、供給量が平常時に比べ二割以上減ずると予測される状況。七三年のアメリカの大豆輸出禁止や、九三年の凶作によるコメ不足などと同様の事態を想定。対策としては、備蓄を取り崩しながら、不足が発生する品目や、その代替品の緊急増産に乗り出す。法的には、「国民生活安定緊急措置法」（一九七三年一二月公布）や「買占め等防止法」（一九七三年七月公布）などに基づいて、適正な流通や価格の安定を図る。

●レベル2

一人一日あたりの供給熱量が二〇〇〇キロカロリーを下回ると予測された場合。穀物や大豆などの輸入が大幅に減少した場合。対策としては、カロリー確保に役立つ穀物、イモ類への生産転換や、農地以外での穀類、イモ類の生産などを図る。また、石油などの供給も農林漁業者を最優先とする。法的には、「国民生活安定緊急措置法」や「物価統制令」（一九四六年三月公布）などに基づき、配給も含む公平な割り当て、公定価格の設定などの措置をとる。

しかし、このマニュアル自体に問題が山積しているのです。

レベル0の対策で輸入先の多角化を謳《うた》っていますが、食料を輸出できる国は限られているのが実情で、この段階で新たな輸入先をみつけようというのは現実的な考えではないと言わざるをえません。

レベル1のような状況は、BSEや鳥インフルエンザの感染拡大による牛肉や鶏肉の輸入禁止で、すでに現実になっています。

レベル2も、例えば、鳥インフルエンザウイルスが人から人へと感染する「新型ウイルス」に変異した段階で起こりうることです。その対策として石油などが農林水産業に優先的に供給された場合、わが国の経済活動に与える影響は計りしれず、国内が大混乱に陥ることは間違いありません。

国内で生産されたものだけで、一日あたり二〇〇〇キロカロリー程度を確保しようとすると、どんな食生活になるのか、農水省は次のように想定しています。朝食は、ご飯が軽めの一膳、蒸したジャガイモ二個、ぬか漬け一皿。昼食は、焼きイモ二本、蒸したジャガイモ一個、リンゴ四分の一。夕食は、ご飯が軽めの一膳、焼きイモ一本、焼き魚一切れ。調味料は、一日で砂糖小さじ六杯と油〇・六杯のみ。その他、うどんが二日に一杯、みそ汁も二日に一杯、納豆は三日で二パック、牛乳は六日でコップ一杯、卵は七日に一個、肉は九日で一食。これが、食料輸入が途絶えたときのわが国の現実なのです。

「一〇〇%割れ」は一九〇〇年前後

では、先進国のなかで、なぜ、わが国だけが食料輸入大国となり、自給率をここまで低下させてしまったのでしょうか。その原因を明らかにするためには、わが国の食料自給率に関する歴史を学ぶ必要があります。

明治時代の一八八〇年代ごろまで、日本は食料自給率一〇〇%超の国でした。それまでは、外国から農産物、畜産物、水産物などが大量に輸入されたことはなく、わが国の国民の食料はわが国で生産されたものでまかなわれていました。

しかし、一九〇〇(明治三三)年前後から、食料自給率が一〇〇%を割り込むようになってしまいました。明治期の急激な人口増加と食生活の変化によるコメの需要増加に生産が追いつかず、一九一〇年ごろのピークを境に生産量が伸び悩みはじめます。それを補ったのが、日清戦争(一八九四—九五年)後に日本の領土となった台湾や、一九一〇年に日本が支配権を得た朝鮮からもたらされるコメだったのです。

『長期経済統計　6　個人消費支出』に掲載されているコメのバランスシートから自給率を計算したという『［図説］人口で見る日本史』によれば、一九〇一―〇五年には九七％、一一―一五年には九四％、二一―二五年には八九％、三一―三五年には八四％と、明治末期から昭和初期にかけて、自給率はだんだんと低下していきます。

三八年に「国家総動員法」が発令されて戦時経済体制に入り、四〇年には砂糖の切符割り当て制度を実施。その後、コメ、麦類、イモ類、豆類、肉類、魚類、味噌、醤油、塩、野菜にいたるまでが配給制となりました。そして、農家の青壮年が徴兵されたり軍需工場での労働に従事させられたため、農産物の生産は高齢者と女性に委ねられ、量も質も低下の一途をたどります。

太平洋戦争に突入した四一年には「農業生産統制令」が制定され、農業生産はコメ、麦など四十余品種に制限されました。そして、翌四二年に制定された「食糧管理法」が米穀統制の出発点となり、九四年の「新食糧法（正式には「主要食糧の需給及び価格の安定に関する法律」という）」成立まで続くことになります。

敗戦の前年である四四年の配給食糧の栄養量は、東京の場合で一人一日あたり一四〇〇キロカロリー。この時点で、日本はまぎれもない飢餓国家となってしまいました。

MSA協定による農業政策の転換

四五年、わが国は太平洋戦争に敗戦し、さらなる窮乏生活を強いられることになりました。

そして敗戦から五年後の五〇年、日本の人口は八四一二万人と急増しました。四七年からの三年間の出生数が年間二六〇万人以上という、いわゆる「団塊の世代」がこの世に生まれてきたことが、人口急増の要因です。

この人口増を支えたのが農村でした。五〇年の農業人口は約三七八一万人、[*6]平均すると農家人口一人あたりが支える国民の人数は、自分たち自身も含めて二・二人でした[*7]（ちなみに、〇四年の農家人口一人あたりが支える国民の数は一三・六人[*7]）。

この時期の農村の活力源となったのは、GHQ（連合国最高司令官総司令部）が四五年末から着手した農地改革によって、四七年に四二三万戸にも達した農地一ヘクタール以下の小規模農家でした。ちなみに、この農地改革で、北海道を除く地域において一町歩（約一ヘクタール）を超える在村地主の農地が強制的に買い上げられたことが、農家一戸あたりの農地が一・八ヘクタール程度という小規模農業中心という農業の現状を決定づけたのです。

小作農から自作農になった農家は、国民に食料を供給するため、力の限りに農産物を生産しました。この時期の農家は社会的使命感を持ち、農業の明るい未来を確信していたはずです。

しかし、数年も経たないうちに、日本は一つの協定を結んだことをきっかけに、アメリカの余剰農産物を受け入れる方向に転換してしまいます。これが、五四年三月八日、アメリカの国内法「相互安全保障法（MSA）」に基づいてわが国とアメリカが締結した、相互防衛援助協定や農産物購入協定などを含む、通称「MSA協定」です。

具体的には、日本がアメリカから余剰農産物を購入し、国内で売却して得た資金を積み立てて、八割はアメリカによる日本への軍事援助の費用などに、二割は日本の経済復興のための資金にあてる、というものでした。

七月、MSAは「農業貿易促進援助法（通称「余剰農産物処理法」）」へと改正されました。

ＭＳＡ同様、アメリカから購入した農産物の売却資金を「見返り資金」として積み立て、アメリカと協議をして、そのうちから経済復興資金を得ることができるというものです。そのかわり、アメリカはこの「見返り資金」を自国の農産物の宣伝のためなどにもつかうことが可能で、アメリカの農産物を学校給食に無償贈与したりできる、という内容も盛り込まれていました。

日本はすぐさまこの法律による余剰農産物受け入れ交渉を行い、五五年五月、調印にこぎつけました。こうして得られた経済復興資金によって、日本の経済は飛躍的に成長していきます。しかし、その一方で、わが国は自国による食料増産を放棄する方向に走りはじめてしまったのです。

アメリカの小麦を「買わせる」政策

実は、このＭＳＡ協定や「余剰農産物処理法」には、アメリカの国内事情も深く絡んでいました。当時、アメリカは余剰穀物の処分に苦慮しており、その解決策として国策的な食料輸出を図ろうとしていたのです。

五四年四月、アメリカは、自国の余剰農産物を売り込む先とその方法を見極めるため、三五人からなる市場調査団を世界各地へ派遣することになりました。アイゼンハワー大統領（当時）は、次のような言葉で彼らをこう激励して送り出したといいます。

「諸君の重大な任務に対して、私は限りなき支援を惜しまない。第一の使命は、余剰農産物の貿易を発展させる方途を捜すことである。『アメリカの農産物をどの国が買えるのか、どうしたら売れるのか』その方策を開拓してきてもらいたい[*8]」

当時のアメリカは、倉庫に納まりきらない小麦を野積みにしたり、三〇〇隻あまりの船を倉庫代わりに使ったりしたほど、小麦があふれている状態でした。朝鮮戦争（五〇年六月―五三年七月）が一段落すると小麦の過剰が一気に表面化し、その輸出先として、九〇〇〇万近くの胃袋を抱える日本が東アジアのなかのもっとも有望な市場として浮かび上がったのです。

この小麦売り込みの実践拠点になったのが、オレゴン州に本部を置いていた「オレゴン小麦栽培者連盟」でした。以前から日本に着目していた連盟は、「余剰農産物処理法」が成立した直後に、連盟にいたリチャード・バウムを日本に派遣し、日本の農林、厚生などの省庁、関係業者との交渉にあたらせたのです。

このバウムの目にとまったのが、戦後の日本人の栄養状態を向上させる目的でつくられた、車内にキッチン設備を備えた「栄養指導車」でした。ここに、この車をもっと増やして国民の栄養改善に役立てたいという日本側と、日本人に小麦を消費してほしいというバウムらアメリカ側の利害が一致します。

こうして、二年後の五六年、八台の真新しい「キッチンカー」が、栄養改善、粉食奨励をスローガンに各地を回ることになったのです。その後、車の台数も増え、四年間で、二万会場、参加者数二〇〇万人という大キャンペーンが展開されることになります。このために、同じころに行われていた粉食普及のための活動も含めると、四億二〇〇〇万円もの資金がつぎ込まれました。

当時、キッチンカーのキャンペーン事業にあたっていた「日本食生活協会」で、実践の指揮を執る立場だった松谷満子氏（現・会長）は、アメリカから何か条件をつけられたか、との問いに対して「献立の中に必ず、小麦粉をつかったものと大豆をつかった料理を入れること」だったと答えています。[*9] また、意図されたものかどうかは不明ですが、この時期、

「白米を食べすぎると、頭が悪くなり、早死にする」などという、根拠のない米飯批判を口にする人々も多くいました。

キッチンカーは〝走る栄養教室〟〝動く台所〟などともてはやされ、マスコミを賑《にぎ》わせました。ただし、当時の新聞のどこをみても〝アメリカ〟の文字はありません。

また、「余剰農産物処理法」にもあったように、アメリカは学校給食も自国の農産物の売り込み先として注目していました。戦後にGHQが始めた学校給食は、各種の団体の援助物資によって支えられつつ、子供たちの食生活にパンやミルクを定着させました。そして、さらに、五四年には学校給食を法的に裏づける「学校給食法」の制定、五六年には余剰農産物交渉の調印による小麦一〇万トン、ミルク七五〇〇トンの寄贈という具合に、アメリカと日本の文部省（現・文部科学省）が手を取り合って、パン給食の普及拡大を推進していくのです。

キッチンカー事業、およびパン給食普及事業を資金的に支えたのがアメリカ政府であることは、言うまでもありません。

こうして、いまやわが国の小麦消費量は戦前の四倍となり、その八割以上をアメリカ、カナダ、オーストラリアなどからの輸入に依存することになったのです。

ちなみに、キッチンカー事業が始まる前年の五五年、日本ではコメが空前の豊作で、それまでで最高の一二三八万トンが収穫されました。しかし、その後の小麦輸入の拡大にともなって、国内農業は徐々に衰退していくことになるのです。

1 平成一九年度「食料需給表」二六六頁
2 平成二一年版「食料・農業・農村白書」一五九頁（農林水産省のウェブサイトでは、「平成二〇年度食料・農業・農村白書」とされている）
3 平成一九年度「食料需給表」二六五頁
4 平成二〇年版「食料・農業・農村白書」五四頁（農林水産省のウェブサイトでは、「平成一九年度食料・農業・農村白書」とされている）
5 平成一八年版「食料・農業・農村白書」七二頁（農林水産省のウェブサイトでは、「平成一七年度食料・農業・農村白書」とされている）
6 総務省統計局「日本の長期統計系列」（総務省ウェブサイト）
7 同前などより算出。

8　『アメリカ小麦戦略』四四頁

9　NHK特集「食卓のかげの星条旗――米と小麦の戦後史」（一九七八年一一月一七日放映）による。

第二章　農水省発表の自給率と実質自給率はなぜ違うのか

八年間も「四〇%」を維持した不自然さ

何度も述べているように、二〇〇七年のわが国の食料自給率＝カロリー自給率（供給熱量総合食料自給率）は四〇%です。農水省が発表しているのだから間違いない数値なのだろう、と大方の人は思うでしょう。しかし残念ながら、どの国もそうですが、日本でも、主に政治的な思惑から、食料自給率の数値を実態より高めに発表する傾向があります。

第一章でも少し触れたように、カロリー自給率は、食料すべてをカロリー計算して得た国内総供給熱量のうち、国内生産された食料の供給熱量の割合がどれだけかを示すもので、国内生産した食料の供給熱量を国内総供給熱量で割って算出します。

農水省は、年度ごとに公表している「食料需給表」というもののなかで、日本のカロリー自給率を発表しています。ところが、このなかにあげられているデータの多くには注やカッコ、カギカッコなどがついていて、複数の数値が記載されています。このことから、数値の取り扱い方次第で数値が変動してしまうことが分かります。

例えば、平成一九年度版をみると、同じカロリー自給率でも酒類を含まない場合の四

二重のカロリー自給率

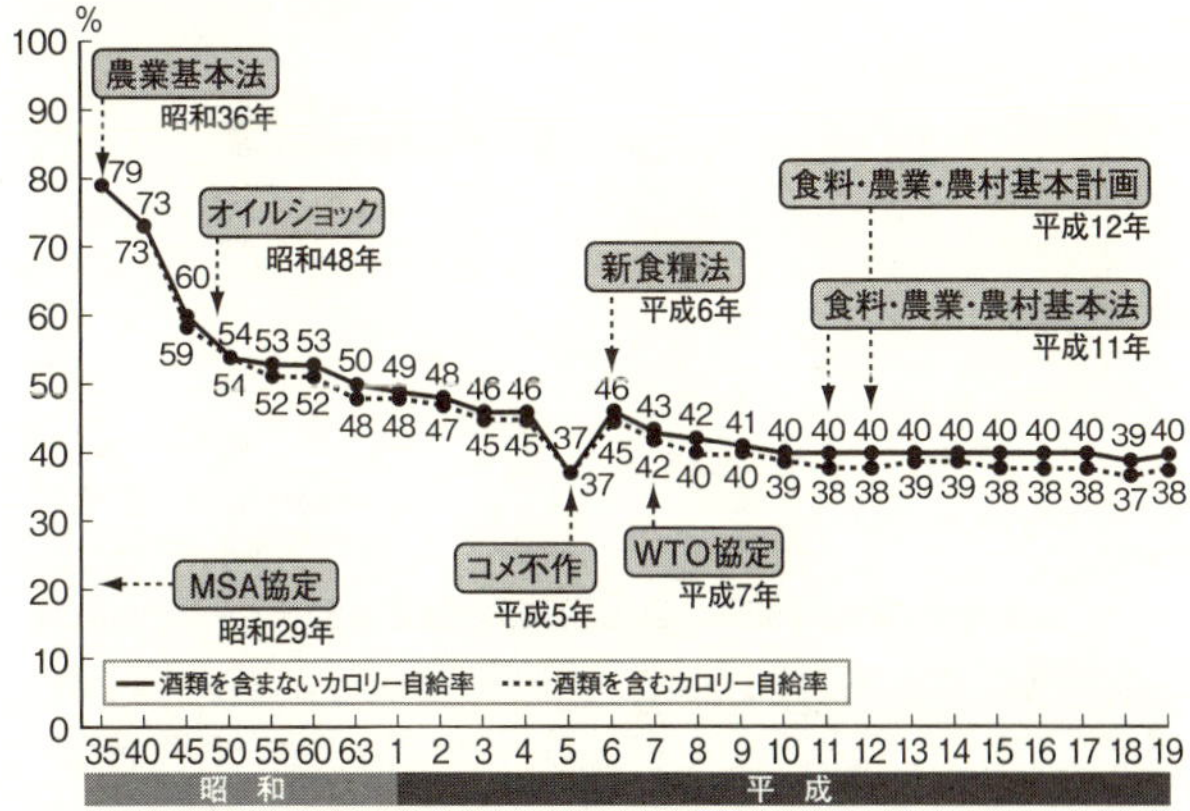

平成19年度「食料需給表」(農林水産省、2009年3月公表)より作成。

○%という数字と、含む場合の三八%という数字があげられていたり、輸入米は精米の重量で計上されているために、一・一倍して玄米に換算して自給率を算出していると書かれていたりします。また、「国内生産量には輸入した原材料により国内で生産された製品を含んでいる。例えば、原料大豆を輸入して国内で搾油《さくゆ》された大豆油は、油脂類の『大豆油』の国内生産量として計上している」というような記述もあります。

　しかも、「日本食品標準成分表」が改訂されることによって、基準となる食料のカロリーの数値が変動することもあります。

　こうして、算出方法や数値の扱い方の違い

日本人1人1日あたりの供給熱量

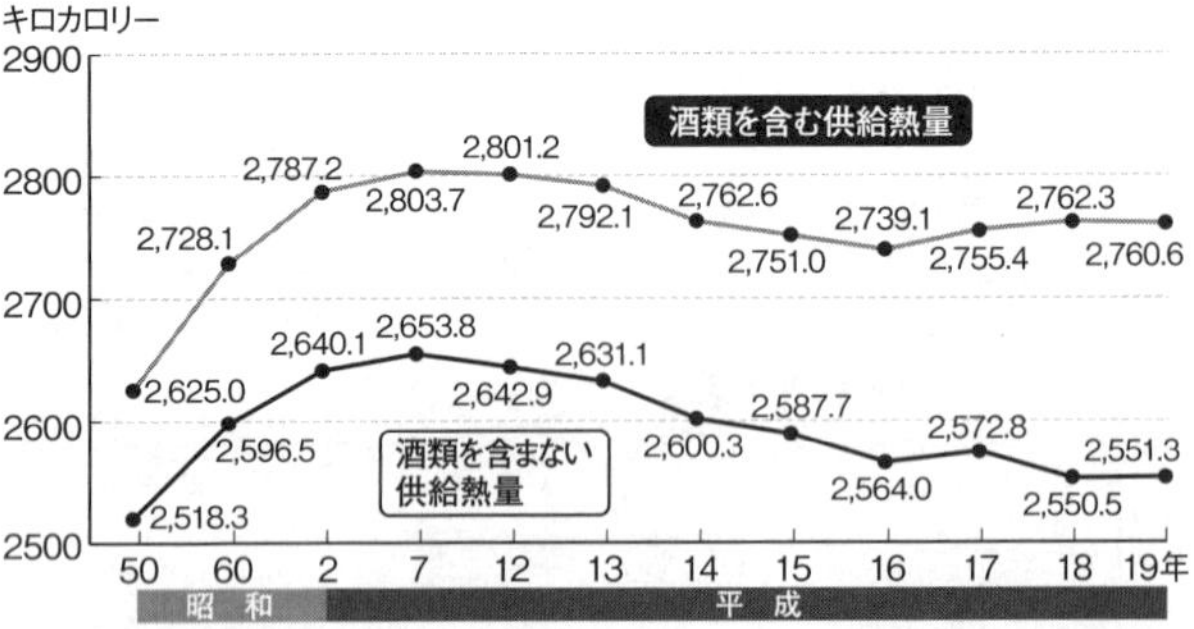

年度	合計（酒類を含む合計）	増減率
昭和50	2,518.3（2,625.0）	40〜50／2.4
60	2,596.5（2,728.1）	50〜60／3.1
平成 2	2,640.1（2,787.2）	60〜2 ／1.7
7	2,653.8（2,803.7）	2〜7 ／0.5
12	2,642.9（2,801.2）	7〜12／-0.4
13	2,631.1（2,792.1）	12〜13／-0.4

年度	合計（酒類を含む合計）	増減率
14	2,600.3（2,762.6）	13〜14／-1.2
15	2,587.7（2,751.0）	14〜15／-0.5
16	2,564.0（2,739.1）	15〜16／-0.9
17	2,572.8（2,755.4）	16〜17 ／0.3
18	2,550.5（2,762.3）	17〜18／-0.9
19	2,551.3（2,760.6）	18〜19 ／0.0

平成19年度「食料需給表」（農林水産省、2009年3月公表）より作成。

で、五％前後は上下してしまうのです。

これでは、公表されたカロリー自給率が厳密かつ正確なものであるとはいえないでしょう。

カロリー自給率は、分母は国内の総供給熱量で、分子は国産品の供給熱量です。分母を小さくするか、分子を大きくすれば、当然ながら数値は上昇します。例えば、分母にあたる総供給熱量を小さくすれば、カロリー自給率は上昇するわけです。実際、ＦＡＯが、〇一―〇三年の平均値として、日本人一人につき一日あたり二七七〇キロカロリーが供給されていると発表しているのに対し、[*1]農水省が国際比較のために試算した数字によれば、〇三年は二五八七・〇キロカロリーです。[*2]

現在、わが国では、高カロリーながら栄養価は乏しい、ジャンクフードと呼ばれるスナック菓子や即席食品などが大量消費され、肥満者率が上昇し、いわゆるメタボリック・シンドロームの該当者は予備軍も含めて二〇〇〇万人くらいいるといわれています。正直、FAO発表の「一人一日あたり二七七〇キロカロリー」でも少ないのではないかと思ってしまうほどなので、それより低い農水省の数値をにわかに信じるわけにはいきません。

そもそも、わが国のカロリー自給率が、九八―〇五年の八年間にわたって「四〇%」で一定していたこと自体、いかにも不自然です。なんらかの数字合わせをしていると疑われても仕方ないのではないでしょうか。

さらに、省庁によって発表する数字がまったく違うという問題もあります。農水省が〇七年度の数字として発表した一人につき一日あたりの「供給熱量」は二五五一・三キロカロリーですが、厚生労働省が発表した〇七年の国民健康・栄養調査では、一人につき一日あたりの「エネルギー摂取量」は一八九八キロカロリーとされています。その差は食べ残し（食物残渣《ざんさ》）なども考えられますが、お役所が発表する数値に疑問を持たざるをえない一例ということができるでしょう。

農地も農家も減り続けている

さきほど、日本のカロリー自給率が九八年から八年間にわたって四〇%で一定していた不自然さについて述べましたが、さらにおかしいと思われるのは、この時期、農業の基礎的資源である農地と農家が減少し続けていたという事実です。

農水省の発表によれば、わが国の農地面積は九五年で約五〇四万ヘクタール、〇五年は約四六九万ヘクタールで[*3]、七%減少しています。

しかし、『日本国勢図会』によれば、農家が耕作している経営耕地の面積は、九五年には約四一二万ヘクタール、〇五年は約三六一万ヘクタールと[*4]、一〇年間で一二%も減少していることになっています。

また、農家戸数は、九五年は約三四四万戸でしたが、〇五年は約二八五万戸と[*3]、一七%も減少しています。なお、所得の五〇%以上が農業所得で、一年間に六〇日以上農作業に従事する六五歳未満の就業者がいる「主業農家数」は、九五年で約六八万戸でしたが、〇五年は約四三万戸で、[*5]三七％の減少です。

農地面積と農家戸数の減少具合から考えて、九七年までの食料自給率が低下していたのと同様に、この八年の間にも、実質自給率は年々低下していただろうと筆者は推察しています。

農地の減少は農家が農地を農業以外の用途に転用したり、離農したりしたことに起因しますが、農地転用が拡大している大きな要因は日本の農業政策にあります。わが国は、比較的容易に農地の用途変更ができるような政策を施行しているため、農地が土地を求めている人々のターゲットとなりやすく、価格が高騰する要因になっているのです。

平成一八年版「食料・農業・農村白書」によると、農地価格を国際比較した場合、一〇アールあたりで、アメリカ、フランスの約三〇倍、イギリス、ドイツの十数倍と、日本は突出しています。この農地価格の高さが、経営規模を拡大したいと思っている農家や、農業への新規参入を希望している人々の障壁になっています。

ともあれ、このような状況が現実であるにもかかわらず、農水省が発表する食料自給率は「四〇％」だったわけです。

この辻褄《つじつま》合わせを象徴的に物語るのが、日本国内で〝成育が完結していない〟食料、つまり、これからご紹介する「国産食料」と呼べるのかどうかが疑わしい食料の存在なのです。

「借種農業」とは

私たちは、農産物、畜産物、水産物をどの程度の割合で食べているのでしょうか。肉類が好きだから食事の半分程度は畜産物を食べている、あるいは、魚類が好きだから水産物を半分ぐらいは食べている、などと思っていませんか。

もちろん、個人差はありますが、わが国の食料消費量の内訳をみると、農産物が全体の消費量の約七〇％を占めており、畜産物は約二〇％、水産物は約一〇％です。[*6] つまり、私たちは田畑で育てられた農産物で生命を維持していると言っても過言ではありません。

ところが、わが国の農産物生産システムには、「借種農業」という非常に大きな問題があるのです。

「借種農業」という用語は、筆者が考えた新しい用語です。なぜ自分で考えた言葉を用いなければならなかったかといえば、いままでにはなかった生産システムだからです。自給率が四〇%に低下した九八年ごろから、わが国では農産物の大半を、この借種農業で生産しています。

借種農業とは、農産物の種子を外国から購入して、生育だけを国内で行う農業です。現在、消費者がコンビニエンスストアやデパートの地下食品売場、スーパーマーケットの青果コーナーで買っている野菜類の大半は、この借種農業による農産物です。

種子の自給が放棄されてしまった主な理由は、「F1品種」の出現にあります。F1とはFirst Filial Hybridの略語で、雑種第一代、一代雑種などという名でも呼ばれます。

F1品種は、メンデルの法則を用いて生産されています。異なる遺伝子形質を持つ二つの固定種（何世代にもわたって選抜を行って優れた特徴を固定させた品種）を掛け合わせると、子であるF1世代にはすべて優性遺伝子の性質が現れ、親より大きくなり、収量も多く、暑さや寒さ、病気に対しても強くなります。子が持つこの優れた性質のことを雑種強勢といいます。

しかし、F2世代では、三：一の割合で劣性遺伝子の形質を持つ子が生まれるため、生産性が低下します。そして、F3、F4世代になると、さらに生産性が低下していきます。したがって、F1品種とはほぼ「一代限り」なのです。そして、大量消費時代に対応するには生産性を最重視せざるをえないため、現在では、市販されている野菜の九割以上がF1品種となっています。

現在では、アメリカに本社があるモンサント社という多国籍企業が、F1品種の種子販売市場をほぼ独占しています。モンサント社は種子、肥料、農薬をセットにして販売しているため、日本の農家はアメリカからそれらを合わせて輸入せざるをえないのが実情なのです。

農水省や農協がF1品種を推奨すれば、手間が省ける農家としては迷いもなく輸入種子へ切り替えていくことになります。ただし、品種の優秀性は「一代限り」のため、採種しても意味がなく、なかには採種できないものすらあります。このため、F1品種を採用した農家は、外国の種子会社に継続的に依存することになります。その結果、数年前までは地方に点在していた国産種子の販売店が、次々と姿を消してしまいました。

もし、何か突発的な事態によって輸入種子がわが国に入荷されなくなった場合は、一年ないし二年の間は、九割強の野菜の生産ができなくなります。まずは、種子づくりから始めなければならないからです。

このようなF1品種の農産物を純粋な「自国産」と呼べるでしょうか。農産物が自国産であるかどうかの判断基準は、「自国での生産が持続可能であること」であるべきだと、筆者は考えます。

「借育畜産物」とは

「JAS法（正式には「農林物資の規格化及び品質表示の適正化に関する法律」）」では、長い間、外国で育てられた牛を輸入して三カ月以上国内で飼育すれば「国産牛」として販売できました。もちろん、これらは堂々とわが国の食料自給率にも加算されていました。カロリーが高い牛肉は、食料自給率の引き上げ、維持に貢献したことでしょう。

JAS法が適用されたのは、牛だけではありません。豚は二カ月以上、鶏は一カ月以上、国内で飼育すれば、国産豚や国産鶏と表示できました。このような「借育畜産物」は、果たして国産品といえるのでしょうか。〝三カ月ルール〟は、単に食料自給率を維持するためのルールだったとしか思えません。

さすがに農水省も、〇四年九月になって、「生鮮食品品質表示基準」の特例である、このルールの改正に踏み切り、経過措置期間の終わった〇五年一〇月一日以降は完全に姿を消しました。実は、このルールが〇五年まで食料自給率を四〇％に維持できた要因の一つだったこともあって、〇六年の自給率は三九％に下がってしまいました。

基準の改正後は「飼育期間がいちばん長い国や地域を原産地として表示する」ように義務づけられましたが、外国での飼育期間が長かろうと短かろうと、そもそも輸入をしているわけですから、日本国内で〝生育が完結していない〟借育畜産物であることに変わりはありません。

農水省が詳しいデータを公表していないので正確な頭数は分かりませんが、外国の広大な放牧場で生産された「国産」の畜産物が、相当数、店頭に並んでいるはずです。生産地がどこであろうと、日本での飼育期間がもっとも長いという（あいまいな）基準さえクリアしていれば、合法的に「国産」扱いされるのです。

「借養水産物」とは

畜産物同様、外国で稚魚・稚貝ないし成魚・成貝になるまで育てた魚介を輸入し、国内で一定期間養殖して出荷する。それが「借養水産物」です。

〇六年のわが国の魚介類（甲殻類なども含む）の国内消費量は、約九八二万トンでした。[*7]同年の魚介類の品目別自給率は五二％とされていますので、[*8]国内生産量（遠洋漁業、沖合漁業、沿岸漁業、養殖漁業）は約五一一万トンとなる計算です。そのうち、養殖による魚介の生産量は約六九万トンだったので、[*9]国内産とされている水産物のうち約一四％が、大半を輸入した魚介類をもととした養殖漁業ということになります。

加えて、わが国の養殖技術は、まだ途上国レベルと言わざるをえません。

〇三年一〇月、茨城県霞ヶ浦《かすみがうら》で一一二四トンもの養殖鯉がコイヘルペスウイルス病に罹《かか》って大量死した事件は、ご記憶の方も多いと思います。この他にも、大量のホルマリンを投与したり、ホルモン剤を餌《えさ》に混入させている、などといった事件がたびたび明るみに出ており、養殖漁業＝借養水産物への過剰な依存が、食の安全を脅かすリスクと隣り合わせであることは事実です。

日本では、〇七年末から食料品の小売価格が上昇を続け、〇九年に入っていくらかの値下がり傾向がみられるものの、〇七年と比較するとかなりの高値が続いています。食料価格の高騰は、原油価格のたび重なる値上げ、トウモロコシや大豆を原料とするバイオマス燃料の増産にともなう家畜の飼料不足などが要因です。〇六―〇七年に地球規模の気候変動があったため、小麦をはじめとする穀物類が世界的な減産となり、需給のバランスが大きく崩れたことも、穀物価格の急騰に拍車をかけました。加えて、穀物輸出国のなかには、自国での食料確保を優先し、輸出を規制する動きをみせる国も出てきています。

これらはいずれも、輸入食料に依存するわが国を危機的な状況へと陥らせかねない事態です。

だからこそ、一刻も早く持続可能な生産システムを実現させ、「まやかしの国産品」への依存をなくすための対策づくりに取り組む必要があるのです。

1 「世界食料農業白書　２００７年報告」二七二頁
2 平成一九年度「食料需給表」二六三頁
3 平成二〇年版「食料・農業・農村白書」一六頁
4 『日本国勢図会　２００８／０９年版』一三三頁
5 二〇〇〇年、二〇〇五年「農林業センサス」の「主副業別農家数」
6 平成一九年度「食料需給表」五七頁
7 平成一八年度「食料需給表」一八八頁
8 同前、二五八―二五九頁
9 「世界の統計　２００９年版」一二七頁

第三章　日本の農業政策は、なぜ自給率を低下させたのか

テレビでは、毎日のように、多種多様なグルメ番組が放映されています。そういった番組のなかで、紹介される料理の食材が国産であることをことさらに強調するようになったのは、わが国の食料自給率が四〇％に低下した一九九八年ごろからではないかと思います。これらのグルメ番組は、国産食料が「貴重品」であることを制作者と視聴者がともに認めているからこそ成立しているともいえます。

しかし、市販されている食料品には、国産と表示されていても、食料の特質である〝風土に育まれたもの〟に該当しないものが数多くあることは、第二章で述べた通りです。日本の農業がこのようになってしまった大きな原因の一つが、わが国の農業政策にあります。

現実と乖離《かいり》した「食料・農業・農村基本法」

国は、九九年七月にそれまでの「農業基本法」に代わってわが国の農業の基本となる

「食料・農業・農村基本法」を制定しました。そのなかには、「農産物の価格が需給事情及び品質評価を適切に反映して形成されるよう、必要な施策を講ずる」という方針が明記されています。簡単にいうと、価格が暴落するようなことがない限り、〝農作物の価格を市場原理に決定させる〟というものです。

従来、コメなどについては、国が補助金を出して価格を維持する政策を実施してきました。しかし、補助金を出して価格に介入することをやめ、売り手と買い手の需給関係により価格が決定する市場原理を農業にも取り入れたわけです。その結果、農家は安い輸入農産物との競争を強いられることになり、コスト割れを起こし、所得が不安定となり、生産意欲を失い、経営基盤を悪化させているのです。

農産物価格を市場に委ねるのであれば、その一方で、輸入農産物の価格と対抗できるように国内農業の振興策をきちんと立てておく必要があります。しかし、日本の場合、農業の生産性を向上させる施策は、ほとんどなされていません。

「食料・農業・農村基本法」は、その理念として「食料の安定供給の確保」「（農業の）多面的機能の発揮」「農業の持続的な発展」「農村の振興」の四つをあげています。

第一の「食料の安定供給の確保」については、「将来にわたって、良質な食料が合理的な価格で安定的に供給されなければならない」として、そのためには「国内の農業生産の増大を図ることを基本とし、これと輸入及び備蓄とを適切に組み合わせて行われなければならない」とあります。

これをみれば、国には、そもそも国産食料ですべてをまかなおうという大きな目標がないことが分かります。そのうえ、国内の農産物と輸入農産物とを「適切に組み合わせ」られるようにする施策もとられていないのです。農産物の価格を市場原理に委ねれば、当然ながら、〝弱肉強食〟の競争という現実に直面します。「国内の農業生産の増大を図ることを基本とし」としておきながら、輸入農産物が拡大の一途をたどっている状態を放置しているのが現実です。

第二の「(農業の)多面的機能の発揮」については、「国土の保全、水源のかん養、自然環境の保全、良好な景観の形成、文化の伝承等農村で農業生産活動が行われることにより生ずる食料その他の農産物の供給の機能以外の多面にわたる機能」を農業の多面的機能と呼び、それが「将来にわたって、適切かつ十分に発揮されなければならない」と述べています。

しかし現実は、生産量の低下にともなって田畑は荒廃し、遊休農地化が進んでいます。とても多面的機能を「適切かつ十分に発揮」できるような状態ではありません。

第三の「農業の持続的な発展」については、「農業生産活動が自然界における生物を介在する物質の循環に依存し、かつ、これを促進する機能」を「農業の自然循環機能」として、それが「維持増進されることにより、その持続的な発展が図られなければならない」とされています。

しかし、便利さ重視で外国から種子を輸入している日本の農業は、事実上「自然界における生物を介在する物質の循環」を断ち切ったものであり、自然環境機能の「持続的な発展」である有機型農業は、生産性が低いため高価格とならざるをえません。

第四の「農村の振興」は、農業の持つ「農産物の供給の機能及び多面的機能が適切かつ十分に発揮されるよう、農業の生産条件の整備及び生活環境の整備その他の福祉の向上により」、農村の「振興が図られなければならない」と謳っています。

しかし、現実の農村では過疎化が進み、都市との大きな経済格差が生じていることは説明するまでもないでしょう。法律が掲げる理念と日本農業の現実は、乖離するばかりなのです。

大規模農家を疎《うと》んじるＪＡ

かつての農業協同組合、現在はＪＡ（Japan Agricultural Cooperatives）と呼ばれている組織は、わが国の全農家が加入し、正組合員と準組合員を含めると、〇五年時点で九一九万人の組合員数を誇っています。[*1]

ＪＡは農水省と協力して、生産調整の割り当てを行ったり、生産調整補助金交付の窓口となったりしています。また、高齢化した農家や零細農家の離農を防ぐため、低金利の公的補助金の貸し出し業務や、農水省からの補助金でつくった精米や貯蔵などを行う共同利用施設の運営にあたっています。

ところが、大規模化を進める先進的農家の場合、ＪＡとの出荷取引や農業資材の購入が割高となるため、組合員でありながらＪＡと取引をしないケースが増えているのです。

理由は、ＪＡの組合としての考え方にあります。一般的にＪＡの価格決定は、同一規格＝同一価格です。どんなに努力して経営規模を拡大して大量出荷しても、小規模農家の少量出荷であっても、単価は同じです。誰もが認めるおいしい農産物をつくっても、普通の農産物であっても、同一規格であれば同一価格です。ＪＡでは原則として有機、非有機の区別をしていないので、有機栽培であっても、非有機であっても、すべて単価は同じです。

したがって、大量生産をして大量出荷する農家や、特色のある農産物を生産する農家、有機栽培をしている農家などのＪＡ離れが進むわけです。当然ながら、そういった農家はＪＡから疎んじられています。

農業振興を目的とするＪＡが、なぜ農水省と協力して非効率的な零細農家を重んじるかといえば、その議決制度に原因があります。株式会社の場合は、一株が一票のため大株主が大きな発言権を持ちます。しかし、協同組合という組織では、組合員であれば、大規模農家であれ零細農家であれ、発言権は同じです。となれば、「数」が多いほうの利害が優先されることは目にみえています。

しかも、いまやＪＡの主力部門は、政府から認可されている金融事業（農林中央金庫を中心とするＪＡバンク）や保険業務（ＪＡ共済連）です。そのようなＪＡからみれば、農地は耕作地というよりも、資産価値を持つ土地に他なりません。

その他にも、大規模農業をともに支えていこうとする独立農協（ＪＡとは異なる独立した農協）の成立を牽制《けんせい》し、自由な活動を抑えつけているなど、ＪＡはさまざまな問題を抱えています。

国産飼料がほとんどない

今日は焼肉にしようと、主材の牛肉を思い切って一キログラムも買ってきたら、家族で一気に食べてしまった、という経験をお持ちの方もいると思います。

一般的に、牛肉一キログラムあたり、牛は一一キログラム前後の餌を食べるといわれています。言い換えれば、牛は一一キログラムの餌を食べて一キログラムの牛肉を生産しているのです。牛の餌はトウモロコシや大豆、その他の穀物などで、これを飼料といいます。

つまり、一キログラムの牛肉を食べるということは、一一キログラムの穀物を消費しているのと同じことです。当然のことですが、牛肉を食べる量が多くなればなるほど、その分、飼料となる穀物の消費量は増加していくわけです。

飼料を大量消費するのは、牛だけではありません。豚は、七キログラム前後の飼料を食べて、豚肉一キログラムを生産し、鶏は、四キログラム前後の飼料を食べて、鶏肉一キログラムを生産しています。

食生活の変化にともなって畜産物の消費量が拡大しているにもかかわらず、わが国は、畜産物生産に不可欠な飼料の国内生産を放棄しています。

〇七年のトウモロコシの自給率は〇%[*2]、大豆の自給率は五%[*3]です。これらは品目別自給率という重量をベースに計算した数値です。わが国では、家畜用の飼料自給率がゼロに近く、ほとんどを輸入に依存していることが分かります。ただし、この年のわが国の純国内産飼料自給率は二五%とされていますが[*4]、これは、外国では例をみないような方法で計算された数字です。なんと、「国産」の基準を拡大解釈して、輸入大豆から国内で搾油した大豆油を、そこに含めているのです。

ちなみに、「食料需給表」で純国内産飼料自給率とともに記載されている純国内産濃厚飼料（国産の飼料用小麦、大麦などをつかったもの）の自給率は一〇%となっています。[*4]

品目別自給率の推移

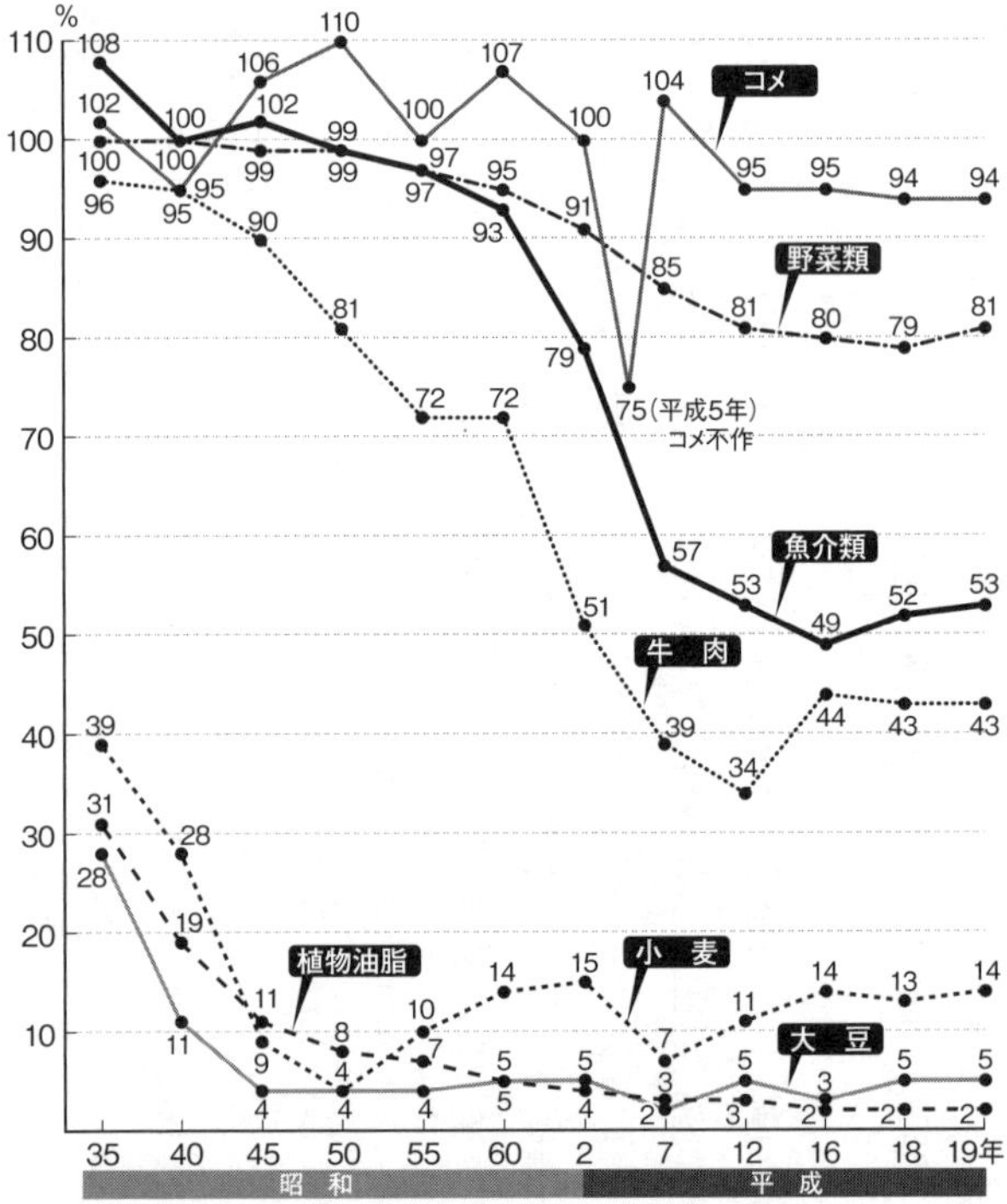

平成19年度「食料需給表」（農林水産省、2009年3月公表）より作成。
トウモロコシについては、平成6年度以降、国内生産量が0とされていることもあって、品目別自給率の記載がない。

二重の飼料自給率

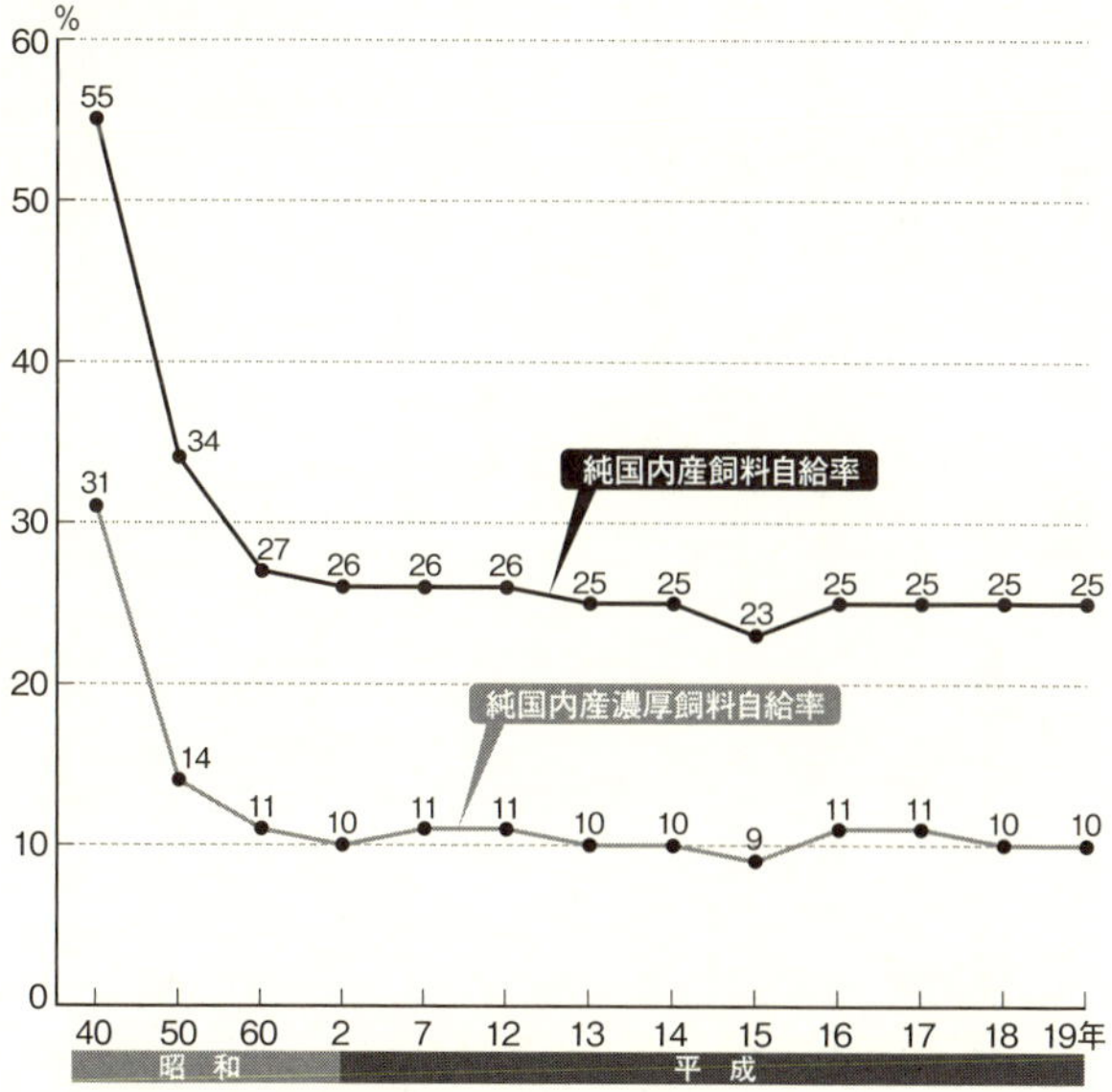

平成19年度「食料需給表」(農林水産省、2009年3月公表)より作成。
(注) 濃厚飼料のうち「国産原料」とは、国内産に由来する濃厚飼料(国内産飼料用小麦、大麦などを使用)であり、輸入食料原料から発生した副産物(輸入大豆から搾油した後発生する大豆油かすなど)を除いたものである。昭和59年度までに輸入された飼料は、すべて濃厚飼料とみなされている。

いずれにしろ、飼料用のトウモロコシや大豆を国内でほとんど生産していないため、国産の飼料は決定的に不足しているのが現状です。

そして、管理の行き届かないものもある輸入飼料への過度な依存が、食の安全に対するリスクを招いています。〇一年に問題となったBSEは餌からの感染であることが明らかになっていますし、〇四年と〇七年に日本各地で発生した、鳥インフルエンザによる鶏の大量死についても、外部との接触のまったくない鶏舎でも確認されていることから、餌からの感染という説が消えてはいません。

不可解な「国産加工食品」

輸入食料を日本国内で熱したり、蒸したり、塩蔵したり、干したりしたものは「国内産の加工食品」扱いになります。たとえば、輸入したフグを国内で一夜干しすれば国産の扱いです。JAS法では、最終加工地を原産地と考えているため、一部を除いては、原材料が輸入食料であっても、日本で最終加工すれば国産扱いになるのです。

国は、食品の多様化と消費者の安全性や健康への関心の高まりに対応して、九九年七月にJAS法を改正し、「生鮮食品」には〝原産地〟を、「加工食品」には〝原材料〟などの表示を義務づけました。しかし、「加工食品」の場合は、一部を除いて原産地の表示義務がないため、原材料が輸入材料であっても国産の扱いとなります。

したがって、消費者は安価な輸入食料からつくられたものを高い国産並みの価格で購入する場合もありえます。つまり、消費者が価格保障の負担をさせられていることになるのです。

例えば、インドネシア産ちりめんじゃこを国内で味つけ加工した場合、最終加工地である日本が原産国とされ、国産扱いになります。輸入品のもずくも、国内で塩蔵されれば国産扱いですし、どこの家庭でも日常的につかっている味噌、醤油、砂糖、塩、酢なども加工食品のため、原産地表示の義務はありません。

北海道名物のタラバガニには、日本漁船が獲ったものもありますが、外国船が、自国の領海で獲って自国の港に持ち帰るより高く売れるという理由で、北海道で水揚げして販売したものも多く含まれています。そうやって輸入されたタラバガニは、その日のうちにボイルされます。ボイルされたタラバガニは加工食品なので、国産の北海道名物タラバガニとして日本全国に販売されます。

冷凍ハンバーグも、外国産牛肉を一〇〇％使用しても原産地表示の義務がなく、国産扱いです。高い国産牛をミンチにするより、安い輸入牛肉が優先的に使用されるのは当然の成り行きでしょう。

ちなみに、「加工食品」で原産地表示が義務づけられているものについても、少し触れておきましょう。〇一年、最初に義務づけの対象となったのが、梅干の原料であるウメと、らっきょう漬けの原料であるラッキョウでした。安い中国産のウメを輸入して梅干にしているにもかかわらず、あたかも紀州産のウメを原料として生産した〝紀州の梅干〟として販売し、利益をあげているのは理に合わない――という苦情がきっかけでした。

その後の二年間で、ウナギの加工品、かつおぶしなど、義務づけされた食品は八品種となり、〇六年には、加工程度の少ない二〇の食品群とウナギ加工品などの四品目について、原産地表示が義務づけられました。例えば、カット野菜をミックスしたものや鍋物セットなどがこれに相当します。しかし、牛肉を原材料に使った加工品や刺身の盛り合わせには、自主的な表示を求められてはいるものの、原産地表示の義務はありません。いずれにしても、原産地表示を義務づけられたものは「加工食品」のごく一部にすぎません。

国は、消費者の安全や健康という観点から「加工食品」の〝原材料〟表示を義務化したとしていますが、〝原産地〟の表示がない以上、輸入業者にとっては輸入食材を国産並みにすることも可能な手品のような話です。さらにいえば、「加工食品」に〝原産地〟の表示が義務化されないことが、輸入食料の増加を促しているといっていいと思います。

そして、その結果、日本の自給率は下がり続けることになるのです。

遺伝子組み換え食品への依存

わが国では遺伝子組み換え農産物の生産は一般には行われていない（〇一年以降、各地でイネなどの遺伝子組み換えが試験的に行われている）ので、遺伝子組み換え食料はすべてが輸入品です。主な遺伝子組み換え農産物は大豆、トウモロコシ、ジャガイモ、菜種、食用油などにつかう綿実などですが、前述したように、大豆の品目別自給率は五％、トウモロコシは〇％ですから、ほぼすべてを輸入しています。そこに遺伝子組み換えのものが混じっていても、なんら不思議ではありません。

しかし、遺伝子組み換え農産物がどれくらい市場に出回っているかは、実は筆者も知りません。なぜかというと、国も実態が分からないために数字を公表していないからです。ただし、輸入量がまったく分からないわけではなく、さまざまな資料から、ある程度推察することはできます。

大豆を例にとると、〇六年のアメリカの年間生産量は約八七七〇万トン。[*5]アメリカの農務省は、この年の大豆の総作つけ面積の八九％は遺伝子組み換えであると発表しているので、その割合から計算すると、アメリカで生産された大豆のうち約七八〇〇万トンが遺伝子組み換え大豆であるということになります。

日本は〇六年には約四〇〇万トンの大豆を輸入しており、そのうち、アメリカからは三二〇万トンを輸入しています。[*6]その三二〇万トンには、アメリカの農務省が発表している八九％前後の割合で遺伝子組み換え大豆が含まれていると推察するのが自然ではないでしょうか。

遺伝子組み換え農産物の国内生産を規制しておきながら、その輸入を黙認しているのも、ひとえに、わが国の食料自給率が低く、輸入食料に依存するより他に食料の確保ができないからなのです。

本論からはそれますが、ここで遺伝子組み換え農作物の危険性についてごく簡単に説明しておきましょう。

第一に、遺伝子組み換え農作物が持っている農薬耐性や害虫抵抗性の遺伝子がそれ以外の農作物に拡散することにより、環境や生態系に悪い影響をおよぼす可能性があります。遺伝子組み換え作物は〝強い〟ので、他の農作物を駆逐《くちく》する可能性があるからです。そのため、わが国は、遺伝子組み換え作物の試験を隔離した圃場《ほじょう》で行っているのです。

第二に、食料が特定企業に独占されてしまうのではないかという社会的な不安があることです。第二章で述べたように、「F1品種」の登場によって、すでに、一部の企業による農作物の種子の独占化が進んでいます。遺伝子組み換え作物は、従来の作物とは比較にならないほど強力なので、その技術を独占すれば、国家の枠組を超えた生産構造と市場を形成することすら可能です。

第三に、安全性への懸念があります。九四年に遺伝子組み換え農産物の生産が始まってからまだ一五年程度しか経っておらず、その安全性を検証し、保証するための〝実験〟はいままさに進行している最中なのです。

1　平成二〇年版「食料・農業・農村白書」一二四頁
2　平成一九年度「食料需給表」の品目別自給率の項にはトウモロコシについての記載がないが、三九頁に平成一九年度のトウモロコシの国内生産量は0と記載されている。
3　同前、二五八―二五九頁
4　同前、二七六―二七七頁
5　『世界国勢図会2008／09年版』二二七頁
6　平成一九年度「食料需給表」三〇頁、平成一八年度「貿易統計」（財務省）による。

第四章　食料自給率低下による具体的な影響

食料価格の高騰

二〇〇八年、食品販売店を営む知人あてに、複数の食品メーカーから三通の通知書が送られてきました。

一通目が届いたのは一月で、「納入している食料品が二割前後の値上がりになる」というのです。二通目は四月で、「三割前後の値上がりになる」。三通目は七月で、「納入している食料品のうち、三割以上が製造中止になるから発注しないでください」という内容でした。

このような事態が起きると、価格が高くなるだけでなく、店頭に並ぶ食料品の種類も減ってしまうわけで、販売店にとっては大変な問題です。

しかし、もっとも大きな被害を受けるのは消費者です。選択可能な食料品の数が減ってしまううえに、高価な買い物をしなければならなくなるからです。家電のような、生活をより便利にするという性質の商品であれば無理をしてまで買う必要はないでしょうが、生きるために必要な食料品は、高くなったからといって買わないわけにはいきません。さらに、売場の棚から食料品が消えてしまったら、いくらお金を持っていても買うことすらできなくなってしまうのです。

食品メーカーからの通知書が届く少し前の〇七年末から食料品価格は上昇を続け、〇八年八月時点では、食料品の種類が三割以上減少してしまいました。

なぜ、このように短期間で価格が高騰し、生産不能な食料品が出てしまったのでしょうか。その原因を、以下にまとめてみましょう。

●地球的規模の気候変動により、穀物の生産量が世界的に低下したこと。例えば、オーストラリアは〇六年から二年連続で干ばつに見舞われ、小麦が大幅減産となった（なお、〇八年の穀物生産量は増産に転じたとFAOは発表した。これは、気象条件の好転によって豊作となったためだが、各国は、備蓄拡大のため輸出規制を行っており、〇九年に入っても、日本の食料品価格にはわずかな値下がり傾向しかみられない）。

●原油価格の高騰が続いたため、ガソリン、軽油、重油が高騰し、石油関連の製品や輸送コストが値上がりしたこと。

穀物生産国の輸出規制加速の状況

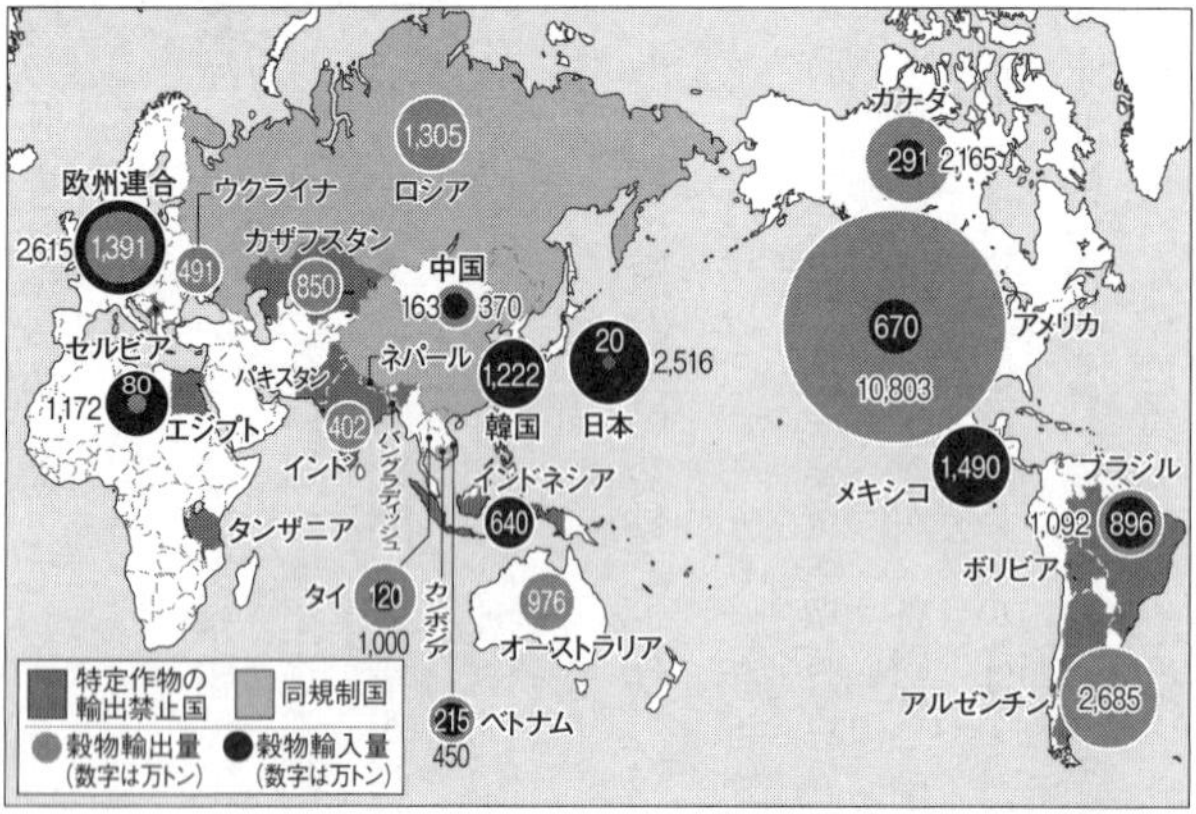

「毎日新聞」2008年7月5日付より作成。

- 原油高への対処と環境問題への貢献を理由にバイオマス燃料が増産され、そのための穀物需要が増大したこと。
- 急成長を続ける中国、インド、ロシアなどで食生活が変化して食肉用の家畜の需要が増し、そのために飼料用穀物の需要が増大したこと。
- 投機マネーが穀物市場に流入し、穀物の流通を悪化させたこと。
- 自国民の食料を確保し、国内価格を安定させるため、穀物輸出国が輸出補助金を削減したり、穀物輸出税を引き上げるなどの輸出規制を行ったこと。

穀物と大豆の価格の推移

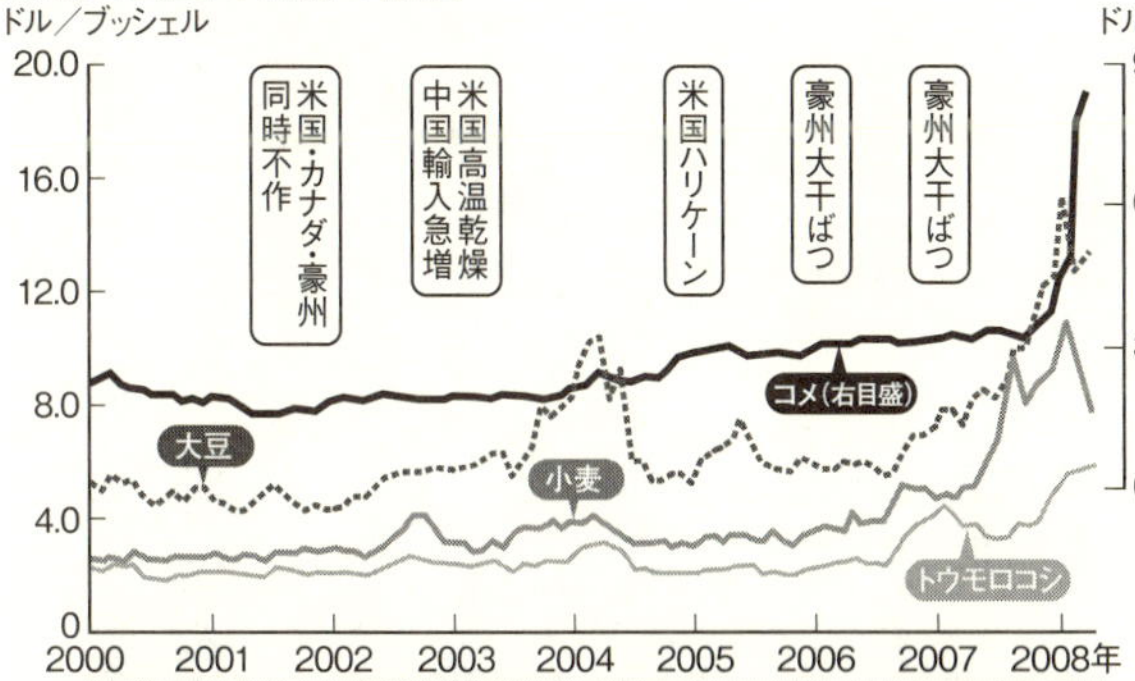

コメ 875ドル／t 過去最高更新 08年4月23日	大豆 13.3ドル／bu 過去最高 15.45ドル 08年3月3日	小麦 8.0ドル／bu 過去最高 12.80ドル 08年2月27日	トウモロコシ 5.8ドル／bu 過去最高 6.06ドル 08年4月15日

(2008年4月25日現在)

平成20年版「食料・農業・農村白書」(農林水産省、2008年)より作成。
(1)シカゴ商品取引所(CBOT)の毎月最終金曜日の期近価格。コメは、タイ国家貿易取引委員会の第1水曜日のタイうるち精米、砕米混入率10%未満のFOB価格。
(2)1ブッシェルは、大豆・小麦は27.2155kg、トウモロコシは25.4012kg。

これらの要因が複雑に絡み合ったことで、食料品価格は急激に高騰してしまったのです。〇八年に日本各地でバターや牛乳が姿を消した原因の一つにも、この穀物価格の高騰がありました。

小麦を例にして、もう少し具体的に説明しましょう。

まず、生産国で不作が続いたため、輸出量が減少し、価格が上がります。そして、小麦の八割以上をアメリカやカナダなどから輸入している日本では、その輸送コストも高くなります。陸揚げされたあとに倉庫で保管される際にかかる経費も高騰して保管料を押し上げ、さらに倉庫から製粉工場への輸送コスト、製粉にかかる費用、梱包《こんぽう》代、食品メーカーへの輸送コストなども上がります。その結果、小麦を原料とする食料品はすべて値上がりすることになるわけです。例えば、〇八年五月時点のスパゲティの消費者物価指数は、前年同月比で三二・二％も上昇しています。

それでも、需要を満たす供給があるうちは、価格の値上がりについての苦情だけを言っていればいいのですが、需要を満たす穀物の輸入量を確保できなくなった場合、小麦を原料とする食料品はもとより、大豆を原料とする味噌、醤油、豆腐、納豆などの食料品、トウモロコシを飼料とする家畜の肉類や乳製品などが、小売店の棚から姿を消すことになってしまいます。

日本の小麦生産はどうかというと、〇七年の品目自給率が一四％です。[*1] ただし、これは玄麦段階の重量で計算した数値です。また、前述したように、〇七年の大豆の自給率は五％、トウモロコシは〇％です。

これほどの危機的な実態であるにもかかわらず、輸入に依存するというわが国の方針は変わっていません。

食料自給率とは、生産手段を持っていない消費者のための指標であるともいえます。食卓を直撃する食料品価格高騰への最大の対策は、わが国の食料自給率を向上させること以外にないのです。

価格高騰は抑制できない

では、今後、この食料品の価格が低下する可能性はあるのでしょうか。

結論からいうと、その可能性はきわめて低いと言わざるをえません。その大きな理由の一つが、石油の代替エネルギーとして期待されている、穀物類を利用したバイオマス燃料の増産拡大です。

バイオマス燃料には、大きく分けて二つの種類があります。ガソリンに混ぜてつかうバイオエタノールは、トウモロコシやサトウキビなどを原料にした澱粉《でんぷん》質や糖質から生産します。一方、軽油に混ぜてディーゼルエンジンにつかうバイオディーゼルは、大豆や菜種などからつくられる油脂から生産します。

バイオエタノール生産量が世界第一位のアメリカは、〇六年に一九八五万キロリットルのバイオマス燃料をトウモロコシを原料に生産しています。[*2] アメリカは、〇七年に「今後一〇年でガソリン消費量を二割減らす」という目標を打ち出し、〇八年にはトウモロコシ生産量の四分の一をバイオマス燃料の原料にしています。

アメリカに次ぐ第二位はブラジルです。〇六年に一七八三万キロリットルのバイオマス燃料をサトウキビを原料に生産しています。[*2] ブラジルでは、サトウキビを生産している農家が、サトウキビの出荷日に、バイオマス燃料の生産会社が提示する価格と、食品メーカーが提示する価格を比較して、高いほうへ販売しています。こうした農家の動向を後押しするように、ブラジルの大統領は、今後もサトウキビの耕作面積を拡大させていく考えを明らかにしています。

また、ディーゼル車の割合が高いEUでは、主に菜種からバイオディーゼルを生産しています。

いまや穀物を大量に生産している国は、バイオマス燃料の増産に積極的です。余剰農産物を食料や飼料として輸出するより、国内のガソリン消費量を減らすために使用するほうがよいと考えているからです。これらの国では、燃料の原料を生産している農家や燃料製造業者に対して補助金を出したり、税制上の優遇措置を講じたりして、支援をしています。したがって、農産物を燃料用に出荷する農家の割合が増えていくのは当然なのです。もはや、バイオマス燃料を生産する企業とその原料を生産する農家に、「穀物は食料のためにある」などという考え方は存在しないと言っても過言ではないのです。

バイオマス燃料一つをとってもこういう状況ですから、食料品価格の高騰を抑制するのはきわめて難しいということがお分かりいただけると思います。

一方、日本のバイオマス燃料生産量は〇六年に三〇キロリットルで、サトウキビの糖蜜が原料です。〇七年からは、農水省のバックアップのもと、コメを原料とした生産も始まりました。農水省は、二〇三〇年には六〇〇万キロリットルの生産を実現させるとしています。[*3]

しかし、食料自給率が極端に低く、今後ますます食料輸入が困難になると予想されるわが国で、食料を原料にしたバイオマス燃料の生産を拡大させることが、果たして正しい選択といえるのでしょうか？

中国製冷凍ギョウザ事件の教訓

「はじめに」でも少し触れたように、〇八年一月三〇日、中国製冷凍ギョウザによる薬物中毒事件が、新聞やテレビで一斉に報道されました。そして二月二日には、体調不良を訴えた人数が一六五四人、そのうち二八五名が医療機関で診察を受け、一〇名が有機リン系薬物による中毒と認められた、という被害状況の第一報が農水省から発表されたのです。

ギョウザを製造したのは「天洋食品工場」という中国の食品会社で、輸入したのはわが国のジェイティフーズ。中毒の原因は、有機リン系の農薬「メタミドホス」が混入していたことでした。

その後、生協やイオン、イトーヨーカドー、ダイエーなどのスーパーマーケットチェーン、外食チェーン、給食を扱う会社などに商品を納めていた一九社が「天洋食品工場」から食料品を輸入していたことが分かり、該当商品を回収する事態へと発展しました。

私たちは、わが国が輸入食料品に占拠されている実態と、そこに潜む恐しさをあらためて思い知ることとなりました。

奇しくも、この事件が明らかになる一〇日ほど前、当時の福田首相が、国会の施政方針演説で「国民の安全と福利のために置かれた役所や公の機関が、時としてむしろ国民の『害』となっている例が続発しております」と述べたばかりでした。わが国の政治は、内閣総理大臣自らも認めるほど消費者不在だということなのです。

食の危機管理とは、危険を事前に予測し、被害者を発生させるような状況を未然に防ぐ管理システムのことです。もし、わが国に国家的な危機管理システムがあり、外国から食料品を輸入する企業に対して適切な行政指導が行われていれば、このような中毒事件は発生していなかったでしょう。

しかし、いまのような無策を続けているようでは、今後も、同様の事件や事故が再発する可能性を否定することはできません。

なぜかというと、〇四年以降、中国の食料自給率が一〇〇%を割り込み、食料輸入国に転じつつあるという事情があるからです。中国製の加工食品は、自国産の食材だけでなく、外国から輸入した食材を利用して製造されているのです。そのため、生産構造がきわめて複雑になり、必然的にチェック体制も甘くなってしまうというわけです。

農水省には「危険性が高いといわれている中国産を避けて、国産の食料品を消費者が買うようになれば、わが国の食料自給率は向上する」と広言する人もいますが、ならば、筆者は消費者の立場からこう問いたい。「国は、消費者が国産食料品を買えるような農業政策をなぜ行わないのですか？」

現行の農業政策のままでは、輸入食料品はますます増大し、食卓の危険性は増すばかりです。

自給率の低下と汚染米の転売

〇八年九月、大阪の米穀加工販売会社「三笠フーズ」が、〇三年から〇八年にかけて、政府から汚染米（カビ毒やメタミドホスが混入している事故米）約一七七九トンを工業用として一キログラムあたり十数円で購入しておきながら、食用や菓子用、焼酎用に転売していた事実が明るみに出ました。内部関係者の話によると「一〇年くらい前から転売は続けていた」とのことでしたが、この一〇年くらい前とは、奇しくもわが国の食料自給率が四〇％に低下した時期と一致します。

「三笠フーズ」の汚染米は、三九三社（〇八年一〇月末時点）におよぶ中間業者を経由してさまざまな食料会社に納められ、すでに消費済みだったとされています。納入先には、外食産業、保育所や学校、病院などの給食をつくる会社、さらには焼酎メーカーも含まれていました。

中国製ギョウザも大事件でしたが、この汚染米騒動は、大事件であると同時に大問題というべきでしょう。なぜなら、国家への信頼を根底から揺るがす出来事だからです。

言うまでもなく、日本人がもっとも信頼している食料はコメです。「三笠フーズ」が行ったことは、そういった国民全体の信頼に対する背信行為なのですが、問題は、この汚染米の発売元が「政府」であるということです。

実はこの汚染米は、九三年のウルグアイ・ラウンド合意で、日本が毎年、外国から輸入することを義務づけられた「ミニマム・アクセス米（MA米）」に含まれていたものでした。MA米は、九五年の四三万トン弱に始まり、九八年以降は毎年七〇―八〇万トン前後を輸入しています。

農水省は、このMA米を業者が加工する際には政府職員が立ち会うなど、これまで厳重な管理体制をとってきた、と弁明しました。しかし、その「厳重な管理体制」のもと、一〇年にもわたって汚染米が転売されてきたのです。そもそも、この汚染米自体、政府の政策によって輸入することになったものであり、にもかかわらず、杜撰《ずさん》な管理体制しかとってこなかったわけです。

政府は、責任回避に終始するのではなく、さまざまな問題や事故の原因ともなりうる輸入食料への依存を極力減らし、自給率向上に本腰を入れる。それが、唯一の解決策です。

1 平成一九年度「食料需給表」二五八—二五九頁
2 平成二〇年版「食料・農業・農村白書」五五頁
3 同前、五六—五七頁

第五章　食料自給率をめぐる世界の現状

〝命綱〟アメリカ農業の現状

これまでのところでお分かりのように、日本の食料は外国からの厖大な輸入によって支えられています。この章では、日本の食料事情にとって重要な海外の情勢についてみていきましょう。

アメリカの穀物自給率は、一三二％（二〇〇三年）。[*1] 穀物生産量は三億四六五六万トン（〇六年）で、[*2] そのうち八三〇〇万トンを輸出しています。最大の輸出先は日本で、輸出量は二〇九〇万トン（〇六年）です。[*3]

穀物自給率とは、家畜などの飼料用穀物を含めた長期保存可能な穀物類の自給率のことです。計算方法は、国内の生産量を、国内生産量から輸出入の差や在庫の増減を加味した数値（国内消費仕向量）で割って算出した数字です。先進国、開発途上国を問わず、ほとんどの国が穀物類についてのデータを持っているため、開発途上国を含めた国際間の比較をする場合には、この穀物自給率が用いられています。ただし、それぞれの国の思惑から、基礎となる数値や計算方法については都合のよいものが採用されることもあり、公表され

穀物自給率の推移の国際比較

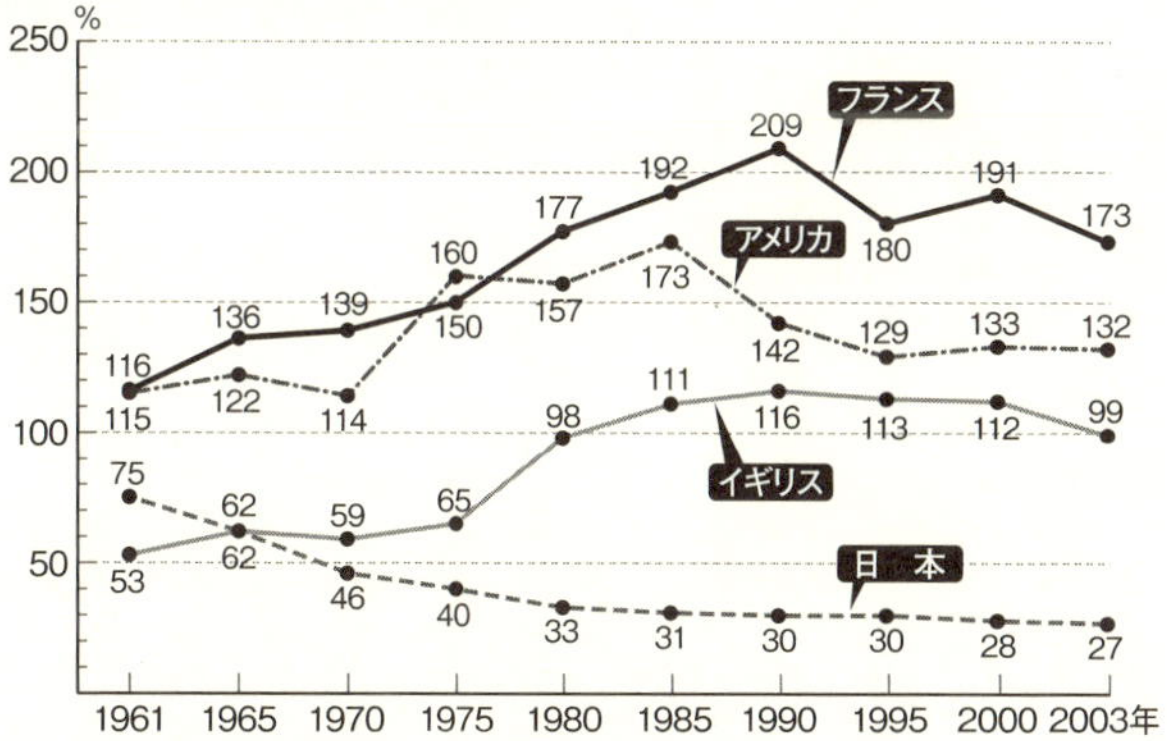

平成19年度「食料需給表」(農林水産省、2009年3月公表)より作成。

農水省と『世界国勢図会』の穀物自給率の比較

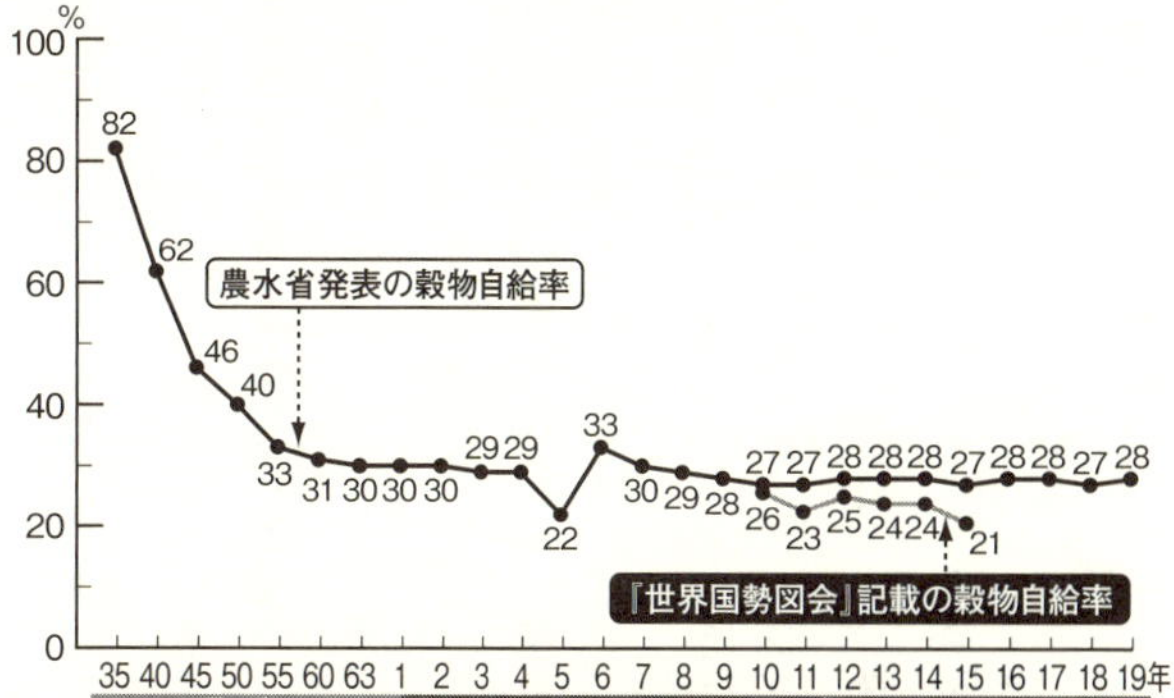

平成19年度「食料需給表」(農林水産省、2009年3月公表)より作成。
『世界国勢図会』に記載されている穀物自給率が、農水省発表の数値と異なりはじめるのは、平成10年からで、平成16年以降は国別の穀物在庫量が不明のため、記載がない。
政府が発表する穀物自給率は「玄米ベース」、『世界国勢図会』の場合は「精米ベース」による計算であるために、数値の違いが生じている。

る数値がすべて正しいとはいえません。

〇二年、アメリカは「農業保障と農村振興法」を成立させました。それによって決まった〇二―一一年の一〇年間の農業補助金予算は約二四兆円で、それとは別に農業予算として年間約一〇兆円が計上されています。わが国の農林水産省の年間予算総額は二兆六〇〇〇億円程度で、EUのCAP（共通農業政策）の予算は約七兆円ですから、アメリカの農業補助金と国家予算の大きさが分かります。

アメリカは他国には農業保護政策をとらないよう強く要求していますが、補助金の額をみれば、アメリカが世界最大の農業保護国であることは明らかです。そして、この多額の補助金のおかげで、わが国はアメリカの穀物を安い値段で輸入することができるのです。

しかし最近、日本以外にも、アメリカからの穀物輸入を希望する国が増えています。韓国、中国、フィリピン、インドネシア、マレーシアなどで、それらの国では、農業振興よりも工業化を優先していること、輸出用農産物（フィリピンのバナナなどに代表される）の生産量が増えているなどの理由から、国内で食料不足が起きています。

ちなみに、〇三年の時点で、世界一七五の国・地域のうち、穀物自給率一〇一％以上の国はアメリカをはじめとする三〇カ国で、全体の一七％にすぎません。これらの国が、穀物が不足している一四五の国・地域（全体の八三％）を支えているのですから[*4]、余剰穀物を求める声が世界中にあふれているのは当然といえるでしょう。そのうえ、第四章で述べたように、石油の代替エネルギーとして注目されるバイオエタノールにアメリカ産トウモロコシがどんどん利用されるという新たな問題も生じています。

さらにアメリカ国内では、あまりに多額の農業補助金が政治的な問題となっています。わが国の命をつないできたアメリカ農業との密接な関係が、いつまで続くかは分かりません。

農産物輸出大国フランスの政策

フランスは穀物自給率が一七三％（〇三年[*5]）の、まさに農産物輸出大国です（ちなみに、同年のわが国の穀物自給率は二七％[*5]）。

フランス政府は、農業政策を社会政策と位置づけています。農業は他の産業と比較して経済効率が悪く、放置しておくと徐々に衰退するため、政府が積極的に支援しようというわけです。

第一に、農業の経営効果を上げるため、一戸あたり耕作面積の拡大を実施しました。その結果、八七年は一戸あたり二七ヘクタールだったのが、二〇年後の〇七年には一戸あたり五二・一ヘクタールまで拡大しています。第二に、農業にとって良い事業環境を提供するため、農薬に関して世界一厳しい食品安全基準で管理を行っています。

ただし、WTO協定が求めている政府による保護的な政策の縮小、撤廃には、アメリカと同様に従わない立場をとっていて、価格保障政策を実施して農業を保護しているという側面もあります。

アメリカ依存から脱却したイギリス

イギリスは、日本が注目すべき国です。

敗戦国だったわが国ほどではないにしても、第二次世界大戦後に食料不足に陥ったイギリスは、アメリカからの食料援助を受けていました。六〇年のイギリスのカロリー自給率は四二％、穀物自給率は五二％でした。ちなみに、同じ年のわが国のカロリー自給率は七九%、穀物自給率は八二%です[*6]。

しかし、イギリスはその後にアメリカ依存からの脱却を図り、農業復興へと政策を大転換させたのです。

まず、農家一戸あたりの農地面積を増やすことから始めました。六〇年には三二ヘクタールだったものが[*7]、〇七年には倍以上の六六・六ヘクタールにまで拡大し、大規模農業経営を実現させました。生産面では、小麦を増産するために品種の改良を行い、肥料の効率を上げるように努めました。その結果、〇三年のイギリスのカロリー自給率は七〇%[*8]、穀物自給率は九九%[*9]。食料自給率を向上させることに成功し、国としての自立の度合を高めたのです。

一方、アメリカ依存の農業政策を継続してきたわが国は、同じ〇三年にカロリー自給率四〇%[*8]、穀物自給率二七%[*9]。この四〇年間で、イギリスとわが国の自給率が逆転してしまったわけです。

イギリスの人口は日本の半分ですし、国民の食生活も異なりますから、わが国がイギリスと同じ政策で自給率を向上させることは難しいでしょう。とはいえ、イギリスの自給率向上への強い意志と実行力は見習うべきものでしょう。

いまだ小規模農業中心のアジア諸国

食料輸出国には、農業の経営規模が大きい、政府の積極的な農業支援政策がある、などといった共通点があります。

〇七年のデータによれば、先進国の一戸あたりの平均耕作面積は、アメリカ一八〇ヘクタール、イギリス六六・六ヘクタール、フランス五二・一ヘクタール、ドイツ四三・七ヘクタールとなっています。[*10]

一方、食料不足に陥っているアジア諸国は、一戸あたりの農地面積一ヘクタールの中国をはじめとして、韓国、北朝鮮、フィリピン、インドネシア、そして日本も一―二ヘクタール前後で、生産効率が低い小規模農業が中心です。しかも、政府の農業政策への姿勢が消極的だと言わざるをえません。

これらの国々のなかで、食料の面で日本と関係が深いのは中国です。中国の穀物自給率は一〇〇％（〇三年）です。[*11] 約五億一〇〇〇万人の農業人口[*12]が、一戸あたり約一ヘクタールの農地面積で、一三億人あまりの人口を支えているわけです。

近年の中国は、経済成長にともなって、わが国同様、食の欧米化が進みました。それによって肉類をより多く食べるようになったため、食肉用の家畜に与える飼料の穀物が不足するようになったのです。世界最大の穀物生産国（〇六年に約四億四五三六万トン）[*13]でありながら、〇四年には、大豆や小麦などを約三〇〇〇万トンも輸入する穀物輸入国に転じてしまいました。

こういった状況もあって、中国は、〇一年一二月にWTOに加盟し、食料輸入が常時できる態勢をとったのです。

世界の全穀物輸出量の九％を輸入する日本

〇五年の全世界の穀物生産量は約二二億二八〇〇万トン[*14]。そのうちの一二％にあたる約二億六二〇〇万トンが世界の全穀物輸出量です。そして、その九％に相当する約二四三五万トンをわが国は輸入しています。[*15]

世界人口約六五億人の二％にすぎない日本が、世界の全穀物輸出量の九％を輸入しているのです。もちろん、世界最大の穀物輸入国です。

〇三年のデータで比較すると、わが国の穀物自給率二七%は、世界の一七五の国・地域のなかで一二五番目になります。[*16] 日本より自給率の低い国は、レバノン、パレスチナ、イスラエルなど、農地をほとんど持たない国・地域ばかりです。

食料は世界を駆け巡って流通しています。わが国が人口の比率以上に食料を輸入しているということは、裏を返せば、食料不足で困っている国々をさらに困窮させていることでもあるのです。そればかりか、インドネシア、フィリピン、中国などのように、輸出国までもが食料不足に陥るという事態を引き起こしているのです。

国は、国民の食生活の変化=食の欧米化によって畜産物、食用油、飼料の消費が増え、国産のコメの消費が減少したことが、食料自給率低下の主な原因だとしています。もしそうだとしたら、国はなぜ、畜産物、食用油、飼料の増産政策をとらないのでしょうか。

わが国は、コメの輸入関税を四九〇%と極端に高くして、輸入米の国内流入を阻止していますが、小麦は国家貿易で、大豆、飼料用トウモロコシ、菜種などは無税あるいはそれに近い関税で輸入を促進させています。日本の農産物全体の平均実行関税率は一二%。農産物を輸出しているブラジルの三五％、ＥＵの二〇％などより低く、その恩恵をこうむる形で、食料がどんどん輸入されてくるのです。

協定を無視する欧米と、守る日本

農業保護政策には、農産物価格を国が支持して農家を保護する価格政策と、農産物価格を市場に委ね、価格低下による農家の減収分を国が直接補償をする所得政策とがあります。従来、各国はこの価格政策と所得政策をカップリングした形で農業保護政策を実施していました。

そのなかで、九五年に締結されたＷＴＯ協定に、デカップリングという方針が盛り込まれたのです。とりあえず、生産量や価格に大きく影響を与えて自由貿易の障壁になりかねない価格政策を切り離し（デカップリング）、農家に直接補償を行う所得政策のみを農業保護政策として認めることとしたのです。

しかし、アメリカやＥＵはＷＴＯ協定を無視して、〇九年現在でも実質的な価格保障を実施しています。理由は、生産意欲を刺激する価格政策を実施することにより、自国の自給率の維持と国策的な食料輸出を同時に可能とするためです。

一方、わが国はＷＴＯ協定を守り、価格政策を行っていないため、農業の規模がなかなか拡大しません。農水省は、自給率向上策として食品産業などの異業種と農業との連携強化をあげていますが、国産農産物の価格を保障する政策を実施しない限り、食品産業は安い輸入食料を購入するでしょう。

政府は「ＷＴＯ協定を無視することはできない」と言っていますが、無視とか違反とかではなく、農業を社会政策としてとらえ、支援する方法を考えればいいのです。

例えば、食品メーカーで使用する原材料の国産化を基本にするのか、輸送距離を短縮することを基本とするのか、明確な基準を定めたうえで、わが国の消費者の要求に応える食料生産に対して国が支援をすれば、食品産業と農業の連携はおのずと強化されるでしょう。

国産農産物が高価であるにもかかわらず、農家一戸あたりの平均年間農業所得（〇四年）は約一二六万円と低いレベルにとどまっています。[*17] 農業就業者の五八％が六五歳以上（〇五年[*18]）と高齢化が進んでいるうえに、後継者のいる農家はわずかに一五万戸弱で、農家が生産意欲を失っていることは確かです。

日本の農家、畜産・酪農経営者、漁業従事者は、大手食品メーカーや大型のスーパーマーケットが購入する安価な輸入食料に圧《お》され、ぎりぎりの価格設定をせざるをえず、つねに採算割れの危険にさらされています。テレビや新聞で、野菜、牛乳、魚などを、生産者自らの手で廃棄しているニュースをたびたび見聞きされると思います。一見、国産食料に余剰が出ていると錯覚しそうな話です。しかし、実は、生産予定量を超えるような量が収穫できても、規格別に商品化する手間や梱包代、配送費を加味すると赤字が累積することになり、とれたものを泣く泣く廃棄しているのです。

採算割れを起こす要因の一つとして、日本の物流が大都市へ一極集中していることもあげられます。このため、遠距離輸送によって流通経費（運賃、手数料、包装、荷造り費用）が販売価格の四〇％前後を占める食料もあり、国産品の価格をさらに押し上げているのです。

農家がこのような窮状にある場合、アメリカやEUでは、価格の乱高下を避け、かつ農家の生産意欲を減退させないために、政府が一定の価格保障をします。しかし、わが国は価格を市場原理に委ねたままで、価格維持のための対策をとっていません。そのため、農家はしだいに現状維持ができなくなっていき、生産意欲がわかないばかりか、経営規模を縮小したり、廃業に追い込まれたりしてしまうのです。

農業振興には消極的で、それなのに減産した農家には積極的な保護策を講じている。これがわが国の農業政策の本末転倒な現状なのです。

農業政策を再考する

農業を市場原理に委ねることは、生産効率を高めるために大規模化を推進し、状況に応じて価格保障政策を実施して生産力を向上させている国の農家には有利に働くでしょう。しかし、農業経営の大規模化がかなわず、生産力を低下させている国の農家にとっては、明らかに不利になるシステムです。

わが国が農業に市場原理を導入したのは、食料市場の活性化を図るためでした。しかし、自由競争が原因で発生する不利益を補うためには、同時に国策として農業振興政策を打ち出す必要があります。

国産食料に徹底的にこだわり、本格的な日本料理をつくろうとしても、今日では、日本の風土が育んだ材料をつかって、その持ち味を生かした料理をつくるのはほぼ不可能です。味噌、醬油、砂糖、塩などの調味料の原材料は、ほとんどが輸入品だからです。したがって、それらでつくる料理は〝日本風〟料理といったほうが正しいかもしれません。

輸入した原材料を加工した食品でも国産と変わらない扱いとされ、借種農産物や借育畜産物、借養水産物など〝自給〟とはいえない国産食料が市場にあふれる。なぜ、このような国になってしまったのでしょうか。

理由は簡単です。国が自国で〝生育が完結していない〟食料でも、国産食料と等しく扱う法律をつくったからです。価格保障政策がとられないままに、このような法律だけが一人歩きするのは大変危険なことです。生産者や流通業者は目先の利益を確保できるかもしれませんが、長い目でみれば輸入食料が拡大するばかりで、日本の食料生産の未来を失うことになります。

繰り返し述べているように、わが国の食料自給率四〇%というのは実質的な数字ではありません。食料自給は、種子の生産から収穫までを一貫して自国で行う、すなわち〝生育が完結している〟農業を営むことでこそ実現するものです。この根本的な考え方を忘れてしまうようなことがあれば、日本から本当の農業がなくなってしまうでしょう。

〇九年度の農林水産関係の当初予算は二兆五六〇五億円ですが、直接的に食料自給率を向上させるための予算は、ほとんどありません。政府が作成する「食料危機マニュアル」が現実のものとなれば、苦痛と困難に直面するのは私たち国民なのです。

1　平成一九年度「食料需給表」二六五頁
2　『世界国勢図会　2008／09年版』二二七頁
3　「農林水産物輸出入概況　2006年確定値」（農林水産省、平成一九年五月発表）
4　平成一九年度「食料需給表」二六七頁
5　同前、二六五頁
6　同前、二六〇頁
7　「海外農業情報」（農林水産省ウェブサイト）
8　平成一九年度「食料需給表」二六六頁
9　同前、二六五頁
10　『データブック　オブ・ザ・ワールド　2009年版』七二頁

11　平成一九年度「食料需給表」二六七頁
12『世界国勢図会　２００８／０９年版』二一九頁
13　同前、二二四頁
14『世界国勢図会　２００６／０７年版』二三〇頁
15『世界国勢図会　２００８／０９年版』二四六―二四八頁に記載されている小麦、米、大麦、とうもろこしの輸出入の項の二〇〇五年のデータより算出。
16　平成一九年度「食料需給表」二六七頁
17　平成一八年版「食料・農業・農村白書」二四三頁。以後の白書には、農業所得についての具体的な記載がない。
18　同前、二四二頁

第六章　食料自給率向上のために、どんな施策が必要か

学生たちの意識と提案

筆者が、大学で講義している「農業・食料論」で、「食料自給率の危機的な現状に対し、どのような向上策が考えられるか」という問題提起をしたところ、学生たちからは、以下のような提案がありました。

もっとも多かった提案は「食べ残しをしない」です。

第二章でも触れた通り、農水省が二〇〇七年度に発表した国民一人一日あたりの供給熱量は二五五一・三キロカロリー。厚生労働省が〇七年に発表した一人一日あたりのエネルギー摂取量は一八九八キロカロリー。この差が仮にすべて食物残渣によるとすると、全食料の二六%は食べ残しということになります。また、調理くずなどを除いた純粋な食べ残しだけで四〇%近くもある、とする調査結果もあります。いずれにしろ、この量は世界一で、それだけで二〇〇〇万―三〇〇〇万もの人口を養えるといわれています。

次に多かったのは「食生活を変える」。国産農産物の消費を拡大することによって、農業を活性化するという提案です。

食料自給率に関する意識調査

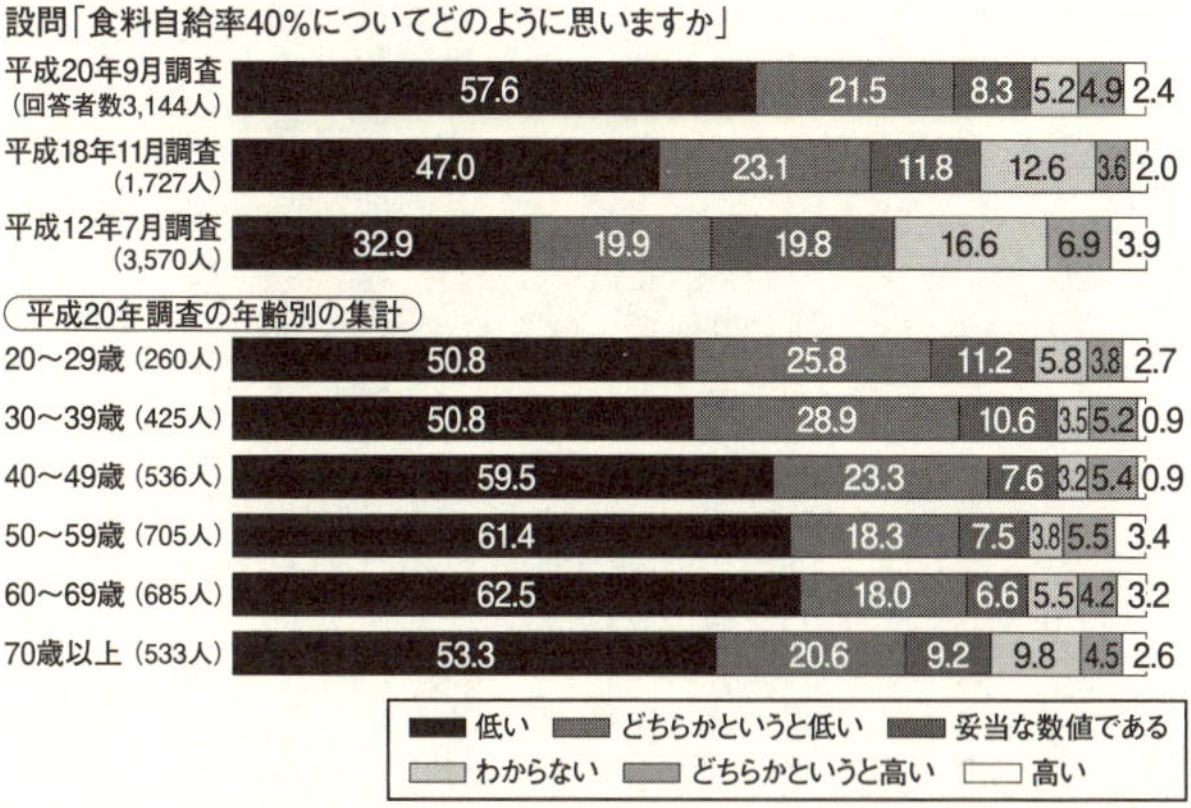

設問「食料自給率40%についてどのように思いますか」

「食料・農業・農村の役割に関する世論調査」(内閣府、2008年11月公表)より作成。

しかし、格段に安い輸入食料によってファミリーレストランやファストフード店が日本中に普及し、食の欧米化、簡便化が完全に定着しました。安さ、早さ、便利さが、いまや日本の食習慣の日常となっているのが現実です。

その次に多かったのは「農業生産の基礎的資源である農地と農家の拡大」です。

講義に出席している学生から、こんな声を聞くことがあります。「卒業したら故郷に帰って大規模農業を経営したいという気持ちはある。しかし、実際には休耕地を貸してはもらえないでしょうから、大規模経営は夢でしょうね」。毎年、数名の学生が故郷に帰って農業に従事していますが、農地や農家の激減の抑止にどれほども貢献できていないのが現実です。誰かの篤志《とくし》に頼るのではなく、仕組みが必要なのです。

他には「地産地消」という提案もあります。

輸入食料の増加は、食料品の低価格化や多様化をもたらした反面、「農」の現場と「食」の現場との距離を遠ざけることになりました。それらは生産者の顔が見えない食料であり、安全性に対する不安もぬぐいきれません。

そこで「農」と「食」の距離を近づけ、食の安全と国産農産物の低価格化を実現して自給率の向上を目ざそうというのが、地域で生産したものを地域で食べる「地産地消」です。そのためには農地と農家の拡大が必須となるわけですが、わが国では、誰もが農家になれるわけではありません。農地の取得に多額の資金が必要なだけではなく、法律の規制などもあり、新規に農家になろうとする人間の前に立ちはだかる壁は厚いのです。

残念ながら、以上のような提案に即して消費者が努力をしたとしても、農水省が掲げている「二〇一五年に自給率を四五%まで回復させる」という目標が達成できるかどうかは、はなはだ疑問です。

食料自給率向上への農水省の取り組み

ここで、農水省が掲げる食料自給率向上への施策を紹介します。国に任せておけばなんとかなるだろうと思っていた消費者は、きっと落胆するに違いありません。

平成一八年版「食料・農業・農村白書」が述べている「食料自給率向上への取り組み」を簡単にまとめると、このような内容です。[*1]

1　わが国は、豊かな食生活を享受しているが、供給熱量ベースで食料の六割を海外に依存し、年間四兆円以上の農産物を輸入する世界最大の農産物輸入国である。しかも、特定国への輸入依存度が高く、輸入先の国の影響を受けやすい状況にある。食料の多くを海外に依存するわが国の食料供給構造は、食の安全や安定的な供給の確保という観点からみると、ぜい弱な構造と多くの問題を抱えている。万が一、輸入が途絶えるような事態に陥ったとしても、平成二七年度の食料自給率目標である四五%が達成された環境のもとであれば、国民が最低限度必要とする一人一日あたり一八八〇〜二〇二〇キロカロリーの熱量供給が可能であるという試算結果がある。しかし、現在の食生活と比べてその水準、内容は大きく変化することになる。

2 食料自給率は、国内の農業生産が国民の食料消費にどの程度対応しているかを示すものであり、四五%という目標の達成に向けてのさまざまな取り組みによって、国内農業の食料供給力の強化を図ることが重要である。国民の日常の食生活に係わりの深い食料消費と農業生産の両面にわたる国民参加型の取り組みの指針として、目標を掲げることには大きな意義がある。

3 「食料・農業・農村基本計画」における食料自給率の目標は、不安定な世界の食料事情やわが国の食料供給に対する国民の不安を考慮し、基本的には国民に供給されるカロリーの五割以上を国内生産でまかなうことに置く。その際、食料が国民の生命と健康の維持に不可欠な基礎的資源であるという観点から、カロリー自給率を目標設定の基本とする。

そのために国が行った食料自給率向上に向けた行動計画の平成一七年度の主な実績は、次の通りである。

●食育の推進：「食事バランスガイド」の策定
●地産地消の推進：地産地消推進行動計画の策定
●国産農産物の消費拡大：米飯学校給食推進の重点化地域の選定と意見交換会の開催
●国産農産物に対する消費者の信頼の確保：「食品安全のためのＧＡＰ」策定（ＧＡＰはGood Agricultural Practiceの略語で食品の安全確保のために必要な、環境整備と栽培管理に関する規範。管理ポイントをまとめたものをつかって各段階ごとにチェックする方式で行われる）
●経営感覚に優れた担い手による需要に即した生産の推進：経営所得安定対策等大綱の決定
●食品産業と農業の連携強化：「食」と「農」の連携強化検討会を設置
●効率的な農地利用の推進：「農業経営基盤強化促進法」などを改正

いろいろと言葉が並べられてはいるものの、効果的な対策がほとんど提示されていないことがご理解いただけると思います。

その他、同年の「白書」では、株式会社の農業参入が一三四四経営体（〇五年）と述べていますが、実際に農地を耕している株式会社はごく一部で、ほとんどは食品の流通と販売をしているだけです。

また、遊休農地で菜の花を栽培して菜種油を生産し、なおかつ地域内での資源循環を図ろうという「菜の花プロジェクト」が各地で行われていますが、植物油脂（〇七年の品目別自給率二％）[*2]の自給率向上のための取り組みというより、国産バイオマス燃料の生産に重点が置かれているようです。

さらに、国は国内で生産したコメなどの農作物の輸出も推奨しています。しかし、食料自給率の低い国が輸出換金作物を増やすことは、限られた農地を疲弊させ、かつ食料自給率を低下させる要因となります。

このように、国が現在打ち出している方針に則《のっと》っていけば、食料自給率を向上させる施策どころか、低下に拍車をかけるだけです。

食料自給率向上のための改革を進めるには、現行の農業政策を根幹から改革する必要があります。それが大変難しいことであるのは承知のうえで、あえて「農と食」の改革を具現化していかなければならないということです。そのためには、農水省とＪＡ、ＪＡと農家、農家と消費者、食料の輸入を担っている大手商社、流通業者などの政治的、経済的利害関係が複雑に絡み合う状況とも対峙《たいじ》しなくてはなりません。

しかし、そこに少しでも現状を改善できる余地があるのであれば、どのような方法であっても、ただちに取り組みを始める必要があります。

大豆と小麦の生産から始める

では、実現可能な「農と食」の改革について、述べていきましょう。

農水省は、「わが国の農地面積が、現在の農地に加えて、（現状の二・六倍に相当する）約一二〇〇万ヘクタールなければ、食料自給は達成できない」としています。

しかし、こうした考え方では、わが国は食料の自給を放棄したことになります。

平成一八年版「食料・農業・農村白書」のなかでも、基本的に、「国民に供給されるカロリーの5割以上を国内生産で賄うことを目指すことが適当であるとされている」と述べられているように、農水省も、五割以下の食料自給率では国としての存続が危ういことを承知しています。

では、食料自給率五〇％以上を確保するための方策を考えてみましょう。

提言①　種子の輸入をやめ、種子自給率を一〇〇％にする。

食料自給率の向上には直接反映しませんが、〝生育が完結している〟ことを基本とする、持続可能な生産態勢を確立するためには必要なことです。

提言②　食用大豆を一〇〇万トン生産する。

そして、長期保存可能な穀物類、特に消費者が直接食べる大豆を増産しなくてはなりません。

〇六年の大豆の国内消費量約四二四万トンのうち、[*3] 食用大豆は約一〇五万トン。[*4] そして、食用大豆の国内生産量は約二二万トンで、[*4] 大豆の品目別自給率は五％です。[*5]

アメリカやカナダからの輸入大豆の大半は、遺伝子組み換え大豆と推測されます。アメリカやカナダでは大豆は油脂の材料であって、直接食べることはありませんが、わが国では大切な食料です。安全性と安定供給の観点から、食用大豆一〇〇万トンの生産を最優先します。

提言③　小麦を五〇〇万トン生産する。

小麦も、大豆と同様に増産しなくてはならない作物です。〇七年の小麦の国内消費量は六三五万トンで、輸入量は五三九万トン、国内生産量は九一万トン。[*6]小麦自給率は一四％です。[*7]

小麦はアメリカ、カナダ、オーストラリアなどからの船便による長距離・長時間の輸送となるため、カビの防止や防虫目的で収穫後に使用される農薬などの残留問題が指摘されています。加えて、〇七年末以来の小麦価格の高騰は、〇九年に入っていくらかは落ち着きをみせているものの、あいかわらず国民の台所に深刻な影響を与え続けています。価格が高いうえに安全性にも問題があり、安定供給にも懸念のある小麦を、国内で生産するべく取り組むのは当然のことです。

大豆を一〇〇万トン、小麦を五〇〇万トン生産することにより、わが国の食料自給率は、推定で一二%程度上昇するはずです。そうすれば、食料自給率は五〇%以上になります。

農水省が用いている計算方法によると、一人一年あたり、小麦ならば二・五キログラム、大豆ならば二・二キログラム、国内産のものをいまより多く口にすれば、小麦や大豆のカロリー自給率が一%上昇することになります。つまり、日本の場合、国民全体で一年あたり小麦ならば三二万トン、大豆ならば二八万トン、国内産のものを多く消費すればよいということです。ただし、この章の冒頭でも触れた食物残渣の問題があるので、それを仮に二六%とすると、それぞれ四〇万トン程度の国産品の供給量があれば一%は上昇すると考えて算出したのが、大豆一〇〇万トン、小麦五〇〇万トンです。

小麦と大豆は稲作と合わせた二毛作が可能なため、減反面積の一〇〇万余ヘクタールや遊休農地を活用することができます。さらに、同じ土地で水田での稲作と畑での農産物生産を数年単位で交互に繰り返す田畑輪換を導入するべきでしょう。わが国の農地は灌漑《かんがい》設備が整っていますから、安定した生産量が望めるはずです。

大豆と小麦以外にも、増産に努めたい穀物があります。

トウモロコシは〇七年に約一六七〇万トンを輸入しており、[*8] 国内生産は事実上ゼロ。その用途は、四分の三が飼料用、残りの大半が加工用です。当然、トウモロコシの国内生産も必要です。

菜種は、昭和三〇年代は年間三〇万トンを生産していましたが、〇七年の生産量は一〇〇〇トン弱。したがって、前述したように、植物油脂の自給率は二%にすぎません。現在輸入している菜種の大半も遺伝子組み換えと思われます。菜種油に加工するとはいえ、安全性や安定供給の観点から、わが国でもっと多くを自給することが重要です。

わが国の耕地面積約四六九万ヘクタールのうち、五五%にあたる田の二六〇万ヘクタールと、四五%にあたる畑の二〇九万ヘクタールをトウモロコシと菜種の生産に活用し、二毛作や田畑輪換、品種改良などを駆使すれば生産性を高められるはずです。

「高付加価値農業」とは

「農と食」の改革を実践する方法論として、「自立国家への道――高付加価値農業論」を提案します。

高付加価値農業論は、八六年にわが国の食料自給率が五一％に低下した時点で、危機感を抱いた筆者が提唱したものですが、この考え方のもとになったのは、六三年に大学の卒業論文で書いた、農家が生産、流通、販売まで一貫して経営することを説いた「自立農家への道――付加価値農業論」です。

六三年以前には、一般的に、農家が生産、流通、販売を行う農業システムがありませんでした。したがって、「付加価値農業」とは筆者が考えた用語であり、「高付加価値農業」はその発展形になります。

高付加価値農業とは、農家の自立を土台とする、国家の自立と食料自給率の向上をテーマにした、「農と食」の改革プランです。

現在の農業事情を踏まえながら、その概要をまとめてみます。

1　主たる熱エネルギー源が石炭から石油に替わったように、農産物の生産の場を「土」から「水」へ替えて、農耕面積が少ないというマイナス条件をカバーする。

といっても、すべての農産物を水栽培に替えるのではなく、土で栽培したほうがメリットがある農産物は土で栽培し、水で栽培したほうがメリットがある農産物は水で栽培するというやり方で、既存農法との共存を図る。

2

根に酸素を送り込み、作物の持つ成長力を最大限に引き出す「水気耕栽培《すいきこう》」を野菜や果樹の栽培に活用する（八五年に筑波《つくば》で開かれた国際科学技術博覧会で展示された、植物学者で協和株式会社の会長だった故・野澤重雄氏による水気耕栽培のトマトは、一本の木から一万数千個の実をならせた）。わが国は農地の拡大に制限があるため、生産性のきわめて高いこの栽培方法を基本とする。

3

土から水へ栽培方法を替えることで、品目によっては一〇毛作、一〇期作以上が可能になり、面積あたり三倍から一〇倍以上の生産量をあげることができる。土の場合、同じ作物を翌年も同じ場所で栽培すると、土壌成分がアンバランスになることなどによる連作障害を起こす場合があるが、水気耕栽培を用いれば、連作障害を起こさない継続的な生産システムが可能となる。また、施設はソーラーシステムのガラスハウスとする。気象条件の影響を直接的に受けやすい露地栽培と異なり、計画的な生産が可能となるため、農産物価格が安定する。

4 太陽熱を主エネルギーとし、バイオマス燃料を補助エネルギー源とする、脱石油を原則とした農業生産システムを構築する。また、生ゴミ、食品製造や製材の過程で出た廃棄物などの処理場を近隣地区に建設する。燃焼エネルギーの再利用と同時に、廃棄物を処理して飼料や肥料として活用する。こうすれば、循環型社会が実現され、飼料不足や肥料不足の解消にも大いに役立つ。さらに、飼料や肥料を自前で生産することで、より安全性の高い食料の提供が可能になる。

5 農業と自然の一体化による共生農業から、農業と自然とを区分する棲《す》み分《わ》け農業に移行し、現在の四六九万ヘクタールの農地を拡大せずに自給率アップを達成させる。そのために、空気清浄装置、水の汚染を防ぐ濾《ろ》過《か》装置、農産物の生長を促す温度調整装置、肥料配分装置、生産物の出入りを容易にするベルトコンベア装置、持続可能な農業の必要条件である種苗生産施設、既存農業では最大のネックとなる水不足対策としての貯水施設など、わが国の得意分野であるハイテク技術を存分に駆使する。

6　初期段階の設備投資にコストがかかるため、国が長期的な計画に基づいて支援を行う。同時に、外国の農産物価格に対応できるような社会政策と、農業経営の維持を可能にするための所得政策とを講じる。農業高校卒業生や大学農学部出身者を中心とする青年層を積極的に就労させ、新たな雇用創出を図る。産・官・学の協力態勢のもと、バイオテクノロジーやITの活用により、種苗に関する研究や開発、新品種の開発などを促進し、生育が完結する農業を確立する。

7　地域コミュニティが担い手となり、地域ごとの食料消費量に見合う生産規模を算定し、地域で生産した食料を地域で消費する「地産地消」を可能にする。

8　わが国のカロリー自給率は地域格差が激しく、自給率が極端に低い地域が全体の数字を下げている（第七章参照）。そこで、ここまで述べてきたような高付加価値農業を、特に自給率が低い地域、例えば、東京の郊外地域などから展開する。

ここに述べた高付加価値農業は「打ち出の小槌《こづち》」ではありませんが、いわば、アナログ農業からデジタル農業への転換を図る構造改革です。

国家プロジェクトとしての高付加価値農業を、地域コミュニティが主導する形で実現させることで、食料の安心、安全、安定供給が具現化されたとき、わが国の食料自給率は飛躍的に向上すると、筆者は信じています。

持続可能な農業システムの構築

二〇〇七年の日本の農産物国内消費量は、約七一八〇万トンです。[*9] 国内生産量は約三二四一万トンなので、[*10] 四〇〇〇万トン近くを輸入していることになります。コメ消費量の約八七一万トンのうちの九四％は国内生産できているので、[*11] コメ以外の小麦、大麦、大豆、トウモロコシ、雑穀類、野菜、果実を約四〇〇〇万トン国内生産できれば、農産物の自給は達成できます。

しかし、農産物の輸入を一切しないわけではありません。外国産農産物を二〇―三〇％程度輸入し、国産農産物の二〇―三〇％程度を輸出すれば豊かな食生活をおくることができるはずです。また、前項で述べた高付加価値農業を実践し、持続可能な農業システムを構築すれば、食料危機にも対応できるはずです。

では、畜産物や水産物ではどうでしょうか。

畜産物の〇七年の国内消費量は約二〇五六万トンです。国内生産量は約一三七六万トンですから、輸入分はおよそ七〇〇万トンです。これについては、中山間地域のうち、現在、「生産不利地域」として所得保障をされている約六六万五〇〇〇ヘクタールを活用すれば、国内で生産することが可能です。肉類の国内生産量の内訳は牛肉が二割たらず、豚肉が四割弱、鶏肉が四割強ですが、特に傾斜地でも飼育が可能といわれている牛の飼育にはこの中山間地域は格好の場所です。前述のように、高付加価値農業を合わせて行えば、畜産物の飼料生産の面でもプラスとなります。

水産物の〇七年国内消費量は約九七〇万トンです。国内生産量は五二〇万トンなので、約四五〇万トンの漁獲量を確保できれば自給は達成できます。水産物の漁獲は（公海では）船籍主義のため、日本船籍の漁船を増やすか養殖場を増やせば可能です。ただし、日中、日韓、日ロなどの間で結ばれた漁業協定によって漁業資源が管理されており、広域的に回遊するマグロ類やカツオ類についても一定の条件のもとで漁獲が行われています。漁獲量の増加ばかりを考えて乱獲すれば、持続可能な漁業は成立しません。

そこで、二一世紀型漁業として、栽培漁業（魚介類の稚魚を大量生産し、ある程度育ったところで海へ放流して、成魚を漁獲する。放流する点が養殖とは違う）を行ったり、養殖場の大規模化や完全養殖（卵から成魚を育て、その成魚からまた採卵する）の実用化によるマグロ養殖など、「海洋農場」での増産を図ることが望ましいと考えています。

農産物、畜産物、水産物の生産において共通していえることは、その担い手の問題です。現状の農業、畜産業、水産業の仕事は他産業と比較すると総じて低収入のため、大学で農業、畜産、水産について学んでも、それを仕事にする人はわずかしかいません。このまま放置しておけば、わが国の農業、畜産業、漁業では働き手がいなくなってしまうことは必至です。

ただし、高付加価値農業が現実のものになれば、農業高校の卒業生や大学農学部の卒業生のみならず、さまざまな学生、青年層によって運営されることになるでしょう。日本の未来を支える大きな力になると、筆者は確信しています。

1 平成一九年版、二〇年版にも同じような表記がみられるが、本書ではいちばん詳しく書かれている一八年版の七二頁、七四頁、七五頁をもとにした。
2 平成一九年度「食料需給表」二五八―二五九頁
3 同前、一四四頁
4 「大豆をめぐる最近の動向について」（農林水産省、平成二〇年三月作成）一頁
5 平成一九年度「食料需給表」二五八―二五九頁
6 同前、一一八頁
7 同前、二五八―二五九頁
8 同前、一二四頁
9 同前、五七頁より算出。以下、畜産物、水産物の消費量についても同様。
10 同前、三九頁より算出。以下、畜産物、水産物の国内生産量についても同様。
11 同前、三九頁、二五八―二五九頁

第七章　「新しい地方の時代」が鍵となる

日本政府の弁明

二〇〇八年に日本で起きたバターや牛乳が店頭から消えるという出来事は、世界的な小麦の不作による穀物価格の高騰など、複数の要因が背景にあったことは、第四章で述べました。

〇五年以前は、南半球が減産になっても北半球は豊作に、逆に北半球が減産になっても南半球は豊作になり、世界的な穀物の需給バランスはなんとか保たれていました。ところが、〇六年以降は、南半球に位置するオーストラリアだけでなく、北半球に位置するカナダ、欧州、ロシア、ウクライナなどでも干ばつが起こり、世界的に小麦の生産量が低下してしまうようになったのです。

一方、日本にとっての頼みの綱であるアメリカでは、政府がバイオエタノールの生産を奨励しているため、農家が小麦からトウモロコシの生産へとシフトしています。当然、小麦の生産量は減り、増産されたトウモロコシもバイオマス燃料に回されるため、トウモロコシの輸出量も低下しています。バイオマス燃料が人間の食べる食料を奪っているのです。

世界のこのような状況から、わが国の食料品価格の高騰が一過性のものにとどまるとは思えません。

それにもかかわらず、わが国が「価格の安い国から輸入したほうが得だ」という食料輸入政策をとり続けていることは、いままでみてきた通りです。

国は、建て前上は農業振興や食料自給率の向上を謳いながら、現実には国内の農業生産を抑制する政策を実施し、しかも、それを国自身の責任ではないかのようにみせているのです。

例えば、コメの生産を制限する「減反政策」を「生産調整」という言い方に変えました。国が一方的に制限する「減反政策」から、国民がコメを食べなくなった量だけ生産を調整するという意味で「生産調整」に変えたのです。つまり、コメの生産規模の縮小の原因は国の側にではなく国民の側にあるとしたわけです。しかし、どのような用語を用いようと、国が国内の農業生産を抑制しているという本質に変わりはありません。

また、〇八年九月六日に報道された汚染米事件は、当初は「事故米」と報道されていましたが、その後、農水省の指示で「汚染米」に変わりました。

「事故米」は国の保管ミスや販売ミスを認めるような用語であるため、わが国に輸入される以前から汚染されていたコメであることを強調して「汚染米」としたのです。しかし、汚染米であれ事故米であれ、一方的に被害を受けるのは消費者に他なりません。

理念なき「食料・農業・農村基本計画」

二〇〇五年三月、「食料・農業・農村基本計画」が閣議で決定されました。これは二〇〇〇年三月に閣議決定された「食料・農業・農村基本計画」を改めたものです。政府は、この改定を行った理由を、農と食の変化に対応するためとしましたが、この新しい「基本計画」が閣僚のみで決定できる閣議決定であることから、政府の都合に合わせて、基本法に明記されている「国内の農業生産の増大を図ることを基本」とするという理念に反したものとなっています。

まず、二〇〇〇年の「基本計画」では、二〇一〇年には食料自給率を四五％まで引き上げるとしていましたが、二〇〇五年の「基本計画」では、その目標達成期限を五年先送りにして二〇一五年としました。

さらに、「基本計画」で述べている品目別食料自給率の目標値をみれば、政府の意図がはっきりとみえてきます。二〇〇三年度の実績値と二〇一五年の目標値を対比すると、コメは九五%から九六%、野菜は八二%から八八%、肉類は五四%から六二%、魚介類は五〇%から六九%。コメ以外は、いずれも外国で育ててもらった食料を〝国産〟とすれば可能になる数値にすぎません。

見逃すことができないのは、小麦と大豆です。小麦は二〇〇三年の一四%に対し、二〇一五年の目標値も一四%です。大豆は四%から六%と微増にとどまっており、これらの国内生産を増やす意志がまったくないことを物語っています。そのうえ、トウモロコシの生産については記述すらありません。

筆者は、第五章で、食料自給率向上のための第一段階として、食用大豆一〇〇万トン、小麦五〇〇万トンの生産を提案しました。

しかし、政府は国産小麦の増産に消極的です。国産小麦の増産を実施するとなると補助金などの国の支出が増えるのに対して、小麦を国が一括輸入する〝国家貿易〟を行えば、それが国の収入になる。それが大きな理由です。

国が小麦を一括輸入する制度を「輸入麦の売渡制度」といい、〇七年四月より、それまでは価格が一年を通じて固定されていたのを、穀物相場や為替などに応じて定期的に見直す形に改めました。この輸入小麦の価格変動制が、〇七年末以降パンや麺《めん》類の高値が続く結果を招き、消費者を苦しめているのです。

〇七年四月のアメリカ産小麦の価格を例にとると、買付価格二万八五六一円／トンと港湾諸経費二〇〇七円／トンの計三万五六八円／トンが買入価格で、国内の製粉会社などへの売渡価格は四万七四四〇円／トンとなっています。その差額である一万六八七二円／トンが国の収入となるのです。

わが国の〇七年の小麦輸入量は五三九万トンですから、[*1]九〇九億円を超える莫大な売買差額が、一般会計とは別の「特別会計」として国の収入になるわけです。

この売買差額が麦の国内生産のための助成金などにあてられるのであれば、わが国の麦生産農家にとっても利益となる制度です。しかし、実際には、一部が助成金にあてられるだけで、多くが農水省が省の判断でつかえる特別会計として入金されます。

なお、世界的な小麦生産量の低下で生産国の輸出規制が強まった影響で、政府売渡価格の平均も、〇七年九月から〇八年四月までの七カ月の間に、四万八四三〇円／トンから六万九一二〇円／トンと四割以上も引き上げられました。〇九年の四月には売渡価格の平均が一五％近く引き下げられはしましたが、今後も品薄状態が続くと予想され、価格の動向の先行きは不透明です。

いずれにせよ、輸入麦の売渡制度は、農水省にとって手離すことのできない制度であり、一方でわが国の農業振興を阻んでいる制度でもあるのです。

また、大豆に関しては、国際相場の影響を受けて価格が大きく変動するため、政府も「大豆交付金」などで助成する姿勢はみせているものの、交付の対象は限定されています。大豆の生産をしたいと思っている農家も、赤字になるリスクの前に二の足を踏んでいるのが実情で、その結果、〇七年の大豆年間消費量四三〇万トンに対し、国内年間生産量はわずか二三万トンです。[*2]

大豆を買い入れるのは、主に醤油や味噌などのために大量の大豆を必要とするメーカーであるため、国内で大豆生産をする場合、大量生産を行う必要があります。つまり、大豆の国内生産を促すと、必然的にいま以上の助成金が必要となってお金がかかるために、政府は大豆の国内増産にも消極的なのです。

さて、「基本計画」の話に戻りましょう。二〇〇五年の「基本計画」が掲げる目標値の基本となる供給熱量の設定にも重大な問題があります。一人一日あたりの供給熱量が、二〇〇三年では二五八八キロカロリーなのに対し、二〇一五年のほうは二四八〇キロカロリーと四%も低い供給熱量に設定されていることです。

第二章で述べた通り、食料自給率を算出するうえで、分母（すべての食料について算出した国内総供給熱量）を小さくし、分子（国内生産した食料の供給熱量）を大きくすれば自給率は上昇しますので、これは自給率アップのためのまやかしであると言っても過言ではありません。

農業政策の矛盾

筆者は、農水省の職員や自治体の農政担当者から相談を受けることがよくあります。農政担当者の相談は、異口同音に「現在の農政で、日本の農と食の将来は大丈夫なのでしょうか」という内容です。

筆者の答えは、どなたに対しても同じです。「農政担当者であるあなたのほうが、将来にわたって日本の人口を支えるだけの食料供給が可能かどうかの情報を持っているのだから、あなたが判断して、国民が食料で困ることのないような行政をしてください」。そう答えますと、農政担当者は「それができないから、心配しているのです」と言うのです。

なぜ、農政担当者は、自分たちが心配するような農業政策を実施しているのでしょうか。理由は、国の決めた政策を忠実に実施することが彼らの職務だからです。

国は、財界や商社に代表される食料輸入業界の後押しを受けて、食料の輸入を増加させ、国内農業を抑制する政策を行っています。それに従って、農水省も農業振興という本来の政策を棚上げにした、歪《ゆが》んだ農業政策を実施しているのです。

しかし、国が採用している食料輸入政策は、すでに時代錯誤の政策であると言わざるをえません。「あなたの国の食料を買ってあげるから、日本の工業製品を買ってください」と持ちかければ、喜んで安全な食料を売ってくれた時代はもはや終わりつつあるのです。

世界の食料事情は、すでに逼迫《ひっぱく》しています。丸紅経済研究所所長で、食料の問題についても詳しい柴田明夫氏が、「今のように日本政府が無策のままであれば（中略）、コメ一揆、小麦一揆が、平成のこの豊かな時代に再び起こる危険もある」（「中央公論」二〇〇八年六月号）と述べているように、食料危機は現実のものとなっているのです。

JAが飼料を輸入する矛盾

農水省は、農業に関する事業の多くをJAに委託しています。先に述べたように、生産調整の配分も実質的にはJAに託されているものの一つです。

本来、JAはわが国の農業を守り育てる砦であるはずです。しかし、国は、食料自給率の低下を防ぐために畜産用飼料を生産するようにJAに促すどころか、むしろ、JAに対して畜産用飼料の輸入業務を行うことを認可しています。

JAグループの経済事業を受け持っているJA全農が、アメリカに一〇〇%子会社である全農グレイン㈱を設立し、この会社を通じて飼料用のトウモロコシなどを輸入しているのです。

国産の小麦や大麦を使った純国内産濃厚飼料の自給率が一〇%（〇七年）[*3]にまで落ち込んでいるにもかかわらず、日本の農家によって構成されているJAが、低コストだという理由で飼料用の穀物を輸入しているという事実は驚きです。これは農業協同組合の存在意義をJA自らが否定している行為であり、JAはもとより、国もそのことを再認識する必要があります。

食品メーカーの海外流出

そのうえ、国は「食料の国際化」という名目で、日本の大手食品メーカーが海外に食品製造工場を建設することを支援しています。

わが国の食品メーカーは、タイ、ベトナム、ミャンマー、中国、インドネシア、オーストラリア、チリ、ロシアなどにいくつもの製造工場を設置して、そこで生産した食材や加工食品を主に日本に輸出しています。

一方、国産食料を原材料とする食品メーカーは、わが国の農業の衰退と並行して激減しています。

かつて食品メーカーは、都市周辺や原材料の産地周辺に立地し、地場産業の中心的役割を果たしてきました。しかし、六〇年には全国に一〇万七九六事業所あった食品メーカーが、〇〇年には六万四七七一事業所となり、さらに、〇五年には五万五五〇八事業所にまで減少してしまいました。[*4]

そのため、国内の食料品の大型卸売業者も、国産食料品の扱いが減り、輸入食料品を主要商品にしているのが実情です。

大手食品メーカーの海外進出が顕著になったのは九八年。わが国の食料自給率が四〇％に低下したころです。国が進めた「食料の国際化」が、日本農業を根底から衰退させる一因となってしまったのです。

経済優先主義を貫く国

筆者の考える食料政策が「消費者中心主義」であるのに対し、国のそれは「経済優先主義」です。いくら輸入食料が低価格で販売されても、もしも危険な食料であれば消費者の利益にはなりません。しかも、国産食料の生産を保護する政策が行われないために、国産食料の価格は割高になる一方です。

例えば、こんな実態があります。

埼玉県の深谷《ふかや》市周辺はネギの産地です。しかし、深谷に在住する消費者の目の前の畑で生産されたネギは、東京の公設市場に出荷されます。そこで、深谷のスーパーマーケットや青果店は、東京の公設市場から深谷で生産したネギを仕入れて販売します。つまり、深谷の消費者は、目の前の畑で生産されたネギを小売価格の三割から四割も占める流通経費を負担して購入していることになるのです。

普通に考えれば、深谷で生産されたネギは、深谷の卸売市場に出荷されればよいと思うでしょう。ところが、実際には、東京中央卸売市場のほうが高く買ってくれるため、地元の卸売市場には出荷されないのです（ただし、現在では多様な出荷先があるので、生鮮食料の出荷先が卸売市場とは限らない）。このため、深谷の卸売市場は、深谷産のネギを東京の中央卸売市場から仕入れ、地域の小売店に販売するのです。消費者の立場で考えれば理不尽なことですが、ネギだけではなく、卸売市場で扱われる多くの生鮮食料でも同様の流通システムがとられています。

埼玉県を例にとると、〇八年現在、県内に全部で三六カ所の地方卸売市場があり、深谷市内だけでも六カ所の地方卸売市場があります。しかし、これだけ地方卸売市場があれば流通システムの中央集中が改善されるかというと、実態はさにあらずなのです。
結局、現在の流通システムの受益者は、農家でも消費者でもありません。受益者は中央卸売市場と地方卸売市場、そして生産物の輸送を担う運送会社です。そして、この流通システムが国産生鮮食料の価格をさらに引き上げ、外国産の安い生鮮食料との価格差をさらに広げる要因となっているのです。

農産物規格化の弊害

流通システムの他にも、国産食料の価格を押し上げた要因はまだあります。「出荷規格の標準化とその推進」という名目で、七〇年以降国が指導してきた、農産物の品目ごとに定めた標準規格です。一例としてキュウリの場合をみてみましょう。

- 最低基準：清潔さ、変質部分や病虫害などの有無
- 等級区分：曲がりの程度による区分け（A級品、B級品など）
- 大小基準：一本の長さや重量による区分け（L、Mなど）

●量目基準：一つの包装の重量
●包装基準：段ボール箱などの種類や大きさ

しかし、この標準規格は、農家の労働時間を増加させただけで、農家収益の向上には結びつきませんでした。細かく規格が定められたことによって価格が上がったものも下がったものもあり、農家にとっては過重な労働を強いられただけという結果を招いたのです。

例えば、農家が春まきのネギを栽培したとします。出荷するまでの農作業時間は、平均して四〇アールあたり一二二六時間といわれています。そのうち、標準規格に合わせた選別や荷造りなどに要する時間は六四〇時間。総労働時間の五二％が、生産のためではなく、選別や荷造りにあてられていることになります。

このネギを、消費者がスーパーマーケットなどにおいて一束一〇〇円で買ったとします。消費者が払った一〇〇円の平均的な内訳は、包装や荷造りの経費が一九円、運賃手数料などが二一円、小売経費が三六円、農家の手取りはたったの二四円にしかなりません（「青果物価格追跡レポート」より）。消費者は、日本の農産物の生産者の手取りがその程度だということをよく覚えておく必要があります。

包装や運賃にかかる経費は、消費地と生産地が遠隔化しているため、いっそうの増加傾向にあります。大量輸送を可能にした農産物の規格化は、流通業者には大きな利益をもたらした一方で、消費者には規格化以前と比較して高い買い物を強いることになりました。

維持される規格化

産地ごとにニーズにあった規格を持つことが望ましい、という理由で、農水省は〇二年からこの標準規格を廃止しました。加えて、規格の簡素化についての指導も行うとしています。しかし、大半の消費者はこのことを知りません。しかも、出荷団体どうしの競争激化にともなって、この規格化が現在でも進行中なのです。

その実例を、埼玉県青果物検査員協会が〇七年三月に発行した「埼玉県青果物自治検査規格」のハンドブックから紹介します。

この埼玉県の自治検査規格においては、出荷時期別に分けられた、秋冬ネギ、夏ネギ、土ネギ、水耕ネギ、小ネギの五種類のネギの規格が各々示されています。秋冬ネギの場合の、仕分けの際の選定基準となる軟白部分の太さと長さ、一つの包装に入れられる本数は次の通りです。

●3L：太さ二・六センチメートル以上、長さ三〇センチメートル以上、二〇本。
●LL：太さ二・一センチメートル以上、長さ三〇センチメートル以上、三〇本。
●L：太さ一・六センチメートル以上、長さ三〇センチメートル以上、四五本。
●L束：太さ一・六センチメートル以上、長さ三〇センチメートル以上。
●M：太さ一・三センチメートル以上、長さ三〇センチメートル以上、六〇本。
●S：太さ一・〇センチメートル以上、長さ三〇センチメートル以上。
●B：長さ三〇センチメートル以上。

その他、次のようなことも定められています。

●調整＝3L—Sは、枯葉、病害葉は除く。Bは、太さ一・〇センチメートル以上で曲り、キズ、中割れのあるもの。

●容器＝すべて段ボール箱。

●量目＝五キログラム。

規格の簡素化という農水省の言葉とは裏腹に、3LやLLなどの形量区分ごとの基準や調整のしかた、一包みあたりの重さを示す量目まで細かく規定されていることがお分かりでしょう。

ニンジンについてもみてみましょう。ニンジンも、出荷時期別に春・夏、秋・冬、長根の三種類に分けられ、それぞれ規格が示されています。そのなかの春・夏ニンジンでは、AとBの二つの品質区分、形量区分、選別基準が定められています。

●A－3L：品質、形状、色沢良好な、一個三五〇グラム以上。

●A－2L：品質、形状、色沢良好な、一個二五〇グラム以上―三五〇グラム未満。

●A－L　：品質、形状、色沢良好な、一個一六〇グラム以上―二五〇グラム未満。

●A−M　：品質、形状、色沢良好な、一個一一〇グラム以上―一六〇グラム未満。
●A−S　：品質、形状、色沢良好な、一個八〇グラム以上―一一〇グラム未満。
●A−SS：品質、形状、色沢良好な、一個五〇グラム以上―八〇グラム未満。
●B−B　：Aに次ぐもの品質のもので、一個一六〇グラム以上。
●調整＝よく洗い、大きさを揃《そろ》えてヒゲ根を除く。日陰干しにして水分をよくとる。葉部は切断する。A品については青くびは除く。
●容器＝段ボール箱。
●量目＝一〇キログラム。

もう一つ、イチゴについてもご紹介します。一一の形量区分ごとに、粒数、一粒の重さと形状、調整、量目が規定されています。

●スーパー　：一五粒、三〇グラム以上の正常果、並べ、五三〇グラム以上。
●デラックス：一五粒、二五グラム以上の正常果、並べ、四〇〇グラム以上。

●2L：二〇粒、一五グラム以上の正常果、並べ（上三×四　下二×四）、三三〇グラム以上（満杯詰め）。

●L　：二六粒、一一グラム以上の形状が細長いもの、並べ（上三×五　下四＋三＋四）、三三〇グラム以上（満杯詰め）。

●LA：二六粒、一一グラム以上の正常果、並べ（上三×五　下四＋三＋四）、三一〇グラム以上（満杯詰め）。

●M　：三二粒、九グラム以上の正常果、並べおよびバラ（上三×六　下五＋四＋五）、三一〇グラム以上（満杯詰め）。

●S　：六グラム以上の正常果、同一方向置き並べ、三一〇グラム以上。

●A　：二〇グラム以上で一五粒以内で変形果、置き並べ、三三〇グラム以上。

●AA：一五グラム以上で定数二〇粒で変形果、置き並べ（上一二粒　下八粒）、三三〇グラム以上。

●マルA：九グラム以上一五グラム未満の変形果、置き並べ（上一五粒　下一〇―一二粒）、三三〇グラム以上。

●B　：六グラム以上九グラム未満の変形果、バラ、三一〇グラム以上。
●スーパーとデラックスは、パック二個入れを一箱として六箱を一梱とする。二L―Bは、パック四個入れを一箱として五箱を一梱とする。

この「埼玉県青果物自治検査規格」には、埼玉県内で生産されて出荷される野菜と果実類の合わせて七〇品目が記載されています。このハンドブックには、「政府が標準規格を廃止したので、生産団体などが埼玉県農林部生産振興課の指導の下、規格を簡素化させる方向で作成された」と述べられていますが、すでにお分かりのように、実際には簡素化などされておらず、複雑なままなのです。また、規格の内容は全国共通を旨としていますので、各県の規格の複雑さも大同小異です。

九九年に農水省が行った、青果物規格の簡素化に関する消費者アンケートの結果によると、消費者が好きな量だけ購入できる野菜のバラ販売に対して、約六〇％が「良いと思う」と答えています。また、野菜の形、大きさ、サイズなどの規格については、約五〇％の人々が「多少のちがいがあってもよい」と回答しています。

半数の消費者が規格の簡素化に抵抗がないとしているにもかかわらず、農家へ一方的に負担をかける複雑多岐な規格が残されているのはなぜなのでしょうか。

理由は、卸、仲卸売業、小売業者の強い要請を国や都道府県が受け入れたからです。

- 卸売市場では、規格品のほうが高く評価される。
- 規格を簡素化すると、他産地との足並みが揃わない。
- 規格を簡素化すると、量販店などの小売業者の支持が得られない。

販売する立場に立てば分かることですが、農産物の大きさや形が揃っていれば、一定の価格に決めやすいわけですから、簡素化の阻止は明らかに経営戦略です。

また、農産物には国際間競争もあります。輸入農産物を扱っているのは商社などの輸入業者ですが、彼らは輸出国の生産者から規格にあったものだけを買いつけているのです。

輸入されたものはLL、L、M、Sなどの規格ごとに分けられ、段ボール箱一箱あたり五—一〇キログラムずつ詰められて流通しています。スーパーマーケットやデパートの食品売場などでは小分けにして袋に詰めて販売するわけですが、その作業をより省力化するために流通業者は輸入業者にいっそうの厳密な規格化を求め、輸入業者も生産者にさらなる規格化を求める、という構図です。

規格化と低コストの輸入農作物に圧されて、六九年までは一〇〇%だった野菜の品目別自給率は、〇七年時点で八一%に低下しています。[*5] 輸入農産物に対抗するためには、国産農産物も規格化を維持していかざるをえません。販売価格は流通業者の判断で決められるわけですから、規格化されていないがゆえに手間やコストがかかるものは、価格競争に敗れてしまうことになるのです。

農水省は、農家にとっても、消費者にとってもプラスにならないことだと理解したからこそ、規格化を廃止したはずです。しかし、あいかわらず規格品がまかり通っている現実に対しては無責任な対処の仕方に終始しており、責任を回避していると言わざるをえません。

その地域でつくられた安価で新鮮な生鮮食料を消費者が手にすることができる。そのような流通システムを構築することこそが、国産品の振興につながり、ひいては食料自給率向上の原動力ともなるはずです。

「新しい地方の時代」

経済的、社会的理由などで、生まれた地域から遠く離れた地域で生活する人を、筆者は思郷民《しきょうみん》と呼んでいます。人や物などの大都市への集中、特に東京への一極集中により、東京では思郷民が人口の多くを占めています。

わが国で思郷民が多くみられるようになったのは、東京オリンピックが開催された六四年前後からだと思われます。

封建時代からの因習である〝口減らし〟や、社会的概念としての〝家長制度〟などによって、心ならずも思郷民となった人々が多かった昔とは違い、高度経済成長時代以降、人々は自ら率先して思郷民になったのです。

わが国の過ちは、農業の支え手の多くまでも思郷民にしてしまったことです。その結果、農村は疲弊し、中小都市の産業は弱体化してしまいました。

かくいう筆者も思郷民の一人であり、「住めば都」「故郷は遠きにありて思うもの」という考え方を否定する者でもありません。しかし、わが国の逼迫した農と食の現状を打破するためにも、〝故郷回帰〟によって「新しい地方の時代」を築くことが必要だと感じます。

「新しい地方の時代」とは地方の自立を意味しています。そのオペレーションとして、筆者は「地域内食料自給率一〇〇％を目ざす」ことを提案します。わが国の地域社会がそれぞれに食料自給率一〇〇％を目標として努力していくことで活性化し、それが、日本をおのずと食料自給率一〇〇％国家へと近づけていくことにもつながっていきます。

「新しい地方の時代」を構築するためのポイントは、東京を中央と考えないことです。東京を〝中央〟と位置づけることで、従属的な〝地方〟が存在してしまうのです。東京も他の地域と同等な一つの地域にすぎません。ゆえに、東京であっても地域内食料自給率一〇〇％を目ざすのは当然のことです。

地方分権とは、中央にとって都合の良いこと、すなわちお金になることは中央が管轄し、都合の悪いこと、すなわちお金にならないことは地方に委託する制度ではありません。残念ながら、現状は中央への一極集中状態ですから、中央と地方の経済格差は広がるばかりです。

財界は、一貫して「生産部門に係わることは地方に委ねるが、食料を地方に委ねるつもりはない。食料は安く生産できる国から輸入すればいい」という立場をとってきました。

しかし、〇八年九月以来、アメリカに端を発する一〇〇年に一度といわれる金融恐慌の影響を受け、財界が経営する地方の製造部門は稼働の停止や縮小を余儀なくされ、雇用を打ち切られた労働者は数十万人にもおよんでいます。財界の「農業を犠牲にしても地方を工業化するほうが、経済効果が高い」という目論見がはずれ、地方は瀕死《ひんし》の状態になっています。

農村や地方都市にいま必要なものは、少しばかりの補助金ではなく、「新しい地方の時代」を切り拓くための知恵なのです。

この「新しい地方の時代」のことについては、あとでもう一度触れたいと思います。

「四里四方《しりしほう》」という発想

かつては「四里四方」という言葉をよく耳にしました。食材を調達する場合、半径一六キロメートルの範囲内で育った農産物がいちばん身に馴染《なじ》むという意味です。水も、「遠方で飲む生水は気をつけて飲むように」といわれていました。外国からわざわざ運んできた水を好んで飲む現代社会ですから、理解できないかもしれませんが、人間にとって、生活の場の近くで同じ気候風土によって培われた食料は身体にも良いように思われます。

四里四方のなかを一つの社会と考えていた時代は、人々は徒歩で行動していました。現在は食後に言う「御馳走様《ごちそうさま》」は、身近で食料を調達することが常だった時代に、わざわざ馬を走らせたり、あちこち走り回ったりして、普段は食べられないようなものを特別に用意してくれたことに対するお礼の言葉として用いられていたのです。

ちなみに、食前に言う「頂きます」は本来、どういう意味だったのでしょうか。人間は自分勝手に食べ物と言いますが、食べ物は、人間に食べられるために成長してきたわけではありません。自らの種の継続のために生長しているところを、人間が横取りしているわけですから、「生きているものの命を頂きます」という感謝を表現した言葉なのです。

実際に行ったこともないようなところから運ばれてきた食料にはなかなか感謝の意を表すことができなくても、家庭菜園などで自ら栽培した農産物に対しては、たとえ一本のキユウリであっても、自然に手を合わせて「頂きます」と言えるでしょう。そういったことが、食料自給率向上に取り組もうとするときに欠くことのできない心構えです。

都道府県別食料自給率

かつての「四里四方」の代わりに、現代の車社会や発達した交通網を考慮して、地方行政上の区分である「都道府県」を単位としてみてみましょう。

次にあげるのは、農水省が発表している都道府県別の食料自給率（二〇〇六年度）です。[*6]

果たして各都道府県は食料自給率一〇〇％達成が可能なのでしょうか。

●北海道
北海道　自給率一九五％、余剰率九五％

●東北
青森県　自給率一一八％、余剰率一八％
岩手県　自給率一〇五％、余剰率五％

宮城県　自給率七九%、不足率二一%
秋田県　自給率一七四%、余剰率七四%
山形県　自給率一三二%、余剰率三二%
福島県　自給率八三%、不足率一七%

●関東・甲信

茨城県　自給率七〇%、不足率三〇%
栃木県　自給率七二%、不足率二八%
群馬県　自給率三四%、不足率六六%
埼玉県　自給率一一%、不足率八九%
千葉県　自給率二八%、不足率七二%
東京都　自給率一%、不足率九九%
神奈川県　自給率三%、不足率九七%
山梨県　自給率二〇%、不足率八〇%
長野県　自給率五三%、不足率四七%

●北陸

新潟県　自給率九九％、不足率一％

富山県　自給率七六％、不足率二四％

石川県　自給率四九％、不足率五一％

福井県　自給率六五％、不足率三五％

●東海

静岡県　自給率一八％、不足率八二％

岐阜県　自給率二五％、不足率七五％

愛知県　自給率一三％、不足率八七％

三重県　自給率四四％、不足率五六％

●近畿

滋賀県　自給率五一％、不足率四九％

京都府　自給率一三％、不足率八七％

大阪府　自給率二％、不足率九八％

兵庫県　自給率一六％、不足率八四％
奈良県　自給率一五％、不足率八五％
和歌山県　自給率二九％、不足率七一％

●中国

鳥取県　自給率六〇％、不足率四〇％
島根県　自給率六三％、不足率三七％
岡山県　自給率三九％、不足率六一％
広島県　自給率二三％、不足率七七％
山口県　自給率三一％、不足率六九％

●四国

徳島県　自給率四五％、不足率五五％
香川県　自給率三六％、不足率六四％
愛媛県　自給率三七％、不足率六三％
高知県　自給率四五％、不足率五五％

●九州
福岡県　自給率一九％、不足率八一％
佐賀県　自給率六七％、不足率三三％
長崎県　自給率三八％、不足率六二％
大分県　自給率四四％、不足率五六％
熊本県　自給率五六％、不足率四四％
宮崎県　自給率六五％、不足率三五％
鹿児島県　自給率八五％、不足率一五％
●沖縄
沖縄県　自給率二八％、不足率七二％

生まれた場所にいまも住んでいて思うこと、思郷民として故郷やいま住んでいる地域について感じたこと、商用で訪れた地域について考えたり、観光で訪れた地に思いを馳《は》せたり、いろいろな思いがあろうかと思います。

北海道や東北地区は頑張っているのに、なぜ、東海、近畿、中国、四国地区の自給率は低いのだろうか。東京の食料自給率一％は分かるような気はするが、日本の伝統的な文化のルーツであり、観光のメッカである京都が一三％、奈良が一五％というのは低すぎないか。京都で生産された食材による京都料理などというものは、もはや存在しないのではないか……などと感じた方もいることと思います。

また、小学生のころ、社会科で「コメの二期作で有名な地域は四国です」と教えられたのを覚えていませんか。しかし、恵まれた農業資産を有していると一般的に思われている四国四県の食料自給率は、三〇％から四〇％台と、決して高いとはいえない数値なのです。

農業振興と都市化の両立

三〇年以上前のことですが、愛媛県内子《うちこ》町の町長、農政課の職員三人、都市計画課の職員三人が、筆者のところに来られました。

当時の町長の話を簡略にまとめるとこうなります。

「内子町をいまのままの農村として維持していくべきか、都市化すべきか、町民の意見も二分している。帰るときまでに結論を出したい。そのために、私の代わりにあなたが参加して彼らの話を聞き、結論を出すための仮の裁定をしてください」

内子町の町長とは初対面でしたし、仮とはいえ裁決に参加するなどということはありえないことですから、戸惑いもありましたが、結局、参加することにしました。

内子町の職員と議論を進めるなかで、都市計画課は論客揃いで、さすがの町長も手を焼いて同行したのだと推測されました。町長を〝さすがの〟と表現したのは、当時の筆者は「むらづくり」を提唱していましたから、町長は当初から、筆者が都市計画課に全面的に賛成するはずがないことを計算のうえで、議論への参加を求めてきたのではないかと推察したからです。

結論は農政課の意見を七割程度、都市計画課の意見を三割程度入れた「付加価値農業を実践しつつ、経済効率の高い工業化も町政の視野に入れていく」といったものでした。

この結論は、三〇年以上経過した現在でも正しかったと自負しています。

農業振興を主流に考えている町村は、商工業の進入をかたくなに拒む傾向があります。しかし、いったん進入を許すと瞬《また》く間に都市化され、残された農地は遊休農地だけ、という光景を都市近郊の町村でよくみかけます。かつて〝日本のデンマーク〟といわれたほど農業が盛んだった愛知県の安城市や刈谷市付近などその典型で、その結果が愛知県の食料自給率一三％に表れています。

一方で、大都市では、多くの農地を都市化してしまった結果、東京の自給率一％、大阪の自給率二％という数値になっています。

「地域社会の自立」という観点から考えると、農業だけの地域では財政が立ちゆきにくいようですし、かといって、都市化だけでも地域社会の自立は不可能です。それぞれの特質を生かした〝地域づくり〟には、内子町に示したような、地域に適した農業と都市化の配分が必要だと痛感しています。

地域農業活性化のオペレーション

九〇年六月、農水省の外郭団体として財団法人「21世紀村づくり塾」が発足しました。このころのわが国の食料自給率は四八％でした。[*7]

「21世紀村づくり塾」は、衰退の一途をたどっていた農村を全国的に活性化させるために、各地に村づくり塾をつくってアドバイザーを置き、研修やセミナー活動などを行うという団体でした。

筆者は埼玉県のアドバイザーに指名され、〇一年に他の二つの団体と合併して「都市農山漁村交流活性化機構」になるまで、県内の市町村をくまなく講演や指導をして回りました。

七〇年代から筆者が提唱していた「むらづくり」という言葉がつかわれている活動でしたから、筆者も一所懸命に仕事に励みましたし、どこの市町村の会場に行っても、首長、農政担当者、農家、六法全書を手にした県の農政部の職員など二〇〇―三〇〇名が集まり、気迫あふれる討論が展開されました。

筆者の活性化オペレーション自体に反対する人は一人もいませんでしたが、地域が抱えている事情がそれぞれ異なるため、実践への道筋についての質問を矢継ぎ早に浴びせられ、たじろいでしまう場面さえありました。

当時の筆者の提案の骨子を、以下に簡略にご紹介します。

●地域の生産量に見合った「農産物直売所」の設置。直売所の売場面積は、最低規模でも一〇〇〇平方メートル、最適規模は三〇〇〇平方メートル。
●産地直送販売の推進。この販売方法では買い手が地域の消費者とは限らないが、農家の生産量の向上には効果がある。
●観光農業への転身。これをうまく実現できた農家は、増収が期待される。しかし、地域の自給率の向上には寄与しない。
●農産物の加工までを農家の手で行う。製造する食品は、高品質の食品であることが不可欠。

九五年には埼玉県内で一九二カ所の農産物直売所がオープンし、年間総売上一〇五億円を記録しました。〇六年には二七三カ所、年間総売上二三二億円。一一年で二・二倍程度の伸びで、順調な売上増とは到底いえませんが、農産物直売所の提案が無意味ではなかったということだけはいえると思います。

ただし、食料自給率を向上させるだけの生産規模にいたっていないことも確かです。直売所一店舗あたりの売上は、年間で一億円弱。この売上額は、日本中に点在しているコンビニエンスストア一店舗の売上にも満たないのです。

「農産物直売所」が効果的である理由

埼玉県は、現在、県の食料自給率向上に向けた取り組みを展開しています。〇六年度に一一%だった埼玉県の食料自給率を、「一〇年度に一五%まで引き上げる」ために、県民に対して次のように呼びかけているのです。

- コメは、県産米ごはんを一食につき一口多く食べてください。
- 大豆は、県産大豆一〇〇%使用の豆腐を月にもう三丁食べてください。
- 小麦は、県産小麦一〇〇%のうどんを月にもう三杯食べてください。
- 野菜は、県産キュウリを毎日もう一本食べてください。
- 野菜は、県産ホウレンソウのおひたしを毎日もう一皿食べてください。
- 野菜は、県産トマトを二日でもう一個食べてください。

●鶏卵は、県産卵を一週間にもう二個食べてください。
●牛乳は、県産牛乳を一週間にもう二杯飲んでください。

これを全県民が実施すれば各品目で自給率一％アップが実現し、結果として自給率が一一％から一五％に上昇する――。県はそう述べています。

埼玉県の取り組みは一見常識的にみえます。しかし、消費者の立場に立つとこれほど非常識な取り組みはないと言わざるをえません。

米穀店のコメの主力はブレンド米ですから、まずは県産米一〇〇％のコメを置いてもらうための業者指導が必要です。

豆腐も、間違いなく県産大豆一〇〇％でつくった豆腐かどうかは分かりません。県産の大豆を買ってきて豆腐をつくるのでしたら間違いありませんが、各家庭で一から豆腐をつくってくださいというのは、あまりに非現実的です。

同様に、県産小麦を買ってきて、各家庭でうどん打ちをしろというのでしょうか。

牛乳は飲む人も飲まない人もいますから、一般的ではありません。

そもそも、日本は売り方も買い方も自由な国ですから、食品販売店に対して販売商品を規制したり、食品メーカーに食材の産地を強制的に指示することもできません。

筆者が「21世紀村づくり塾」で農産物直売所の設置をすすめた理由は、それが現実的で有効な手段だと考えたからです。

農家にとっては、手間がかかる規格別の選別作業をする必要もなければ、指定された箱に詰める作業もなく、ましてや決められた段ボール箱を使用する必要もありません。生産地と直売所は近距離のため、運送代もほとんどかかりません。そして、販売方法はバラ売りを主体にすれば、袋詰めの経費もかからないため、コストが大幅に削減されます。また、デパートの地下食品売場のように華美にする必要もないため、店舗の維持経費もローコストですみます。結果として、消費者のニーズに対応した価格設定が可能になるはずです。

加えて、安定した生産が安定した収入へとつながり、農家本来の仕事である、品質の向上や安全性に重点を置いた生産ができるというメリットもあります。

買い手の立場に立てば、農産物直売所には、その地域で生産された農産物や加工食品しか置かれていませんから、買い手は袋に印刷されている産地表示を見る必要もありません。

よくいわれる「作り手の顔の見える食料品」ですから、安全性への信頼度も高いはずですし、価格も納得できます。そのうえ、遠路運ばれてきた農産物とは異なり、畑で完熟した農産物ばかりですから、食べた人が笑顔になることは間違いありません。

農産物直売所の課題は、品揃えです。その課題を克服するためには、農村が持つ排他的な風土から脱却して、地元の農産物をつかって加工品を生産する食品メーカーの誘致を実現させることが肝要です。地域内にできた食品メーカーが製造した加工品が商品として加わることで、直売所が地域の消費者の期待により応えられるものとなるだけでなく、地方自治体の財政も豊かになり、地域社会の活性化にも貢献することになるはずです。

有機農業と自給率向上は別問題

埼玉県は、消費者だけでなく生産者に対しても、自給率アップのための提案を行っています。

- 消費者に選択される農産物を生産してください。

●新鮮、安全、安心で、おいしい農産物の生産をしてください。
●農業生産の低コスト化のため、圃場の大区画化や作業の機械化をしてください。
●安全、安心な農産物の生産のために、有機一〇〇倍運動、特別栽培農産物の生産、トレーサビリティシステムの確立などを行ってください。
●消費者のニーズに応える品目、品種、加工適性を考慮して生産してください。
●県産農産物の生産拡大のため、生産努力目標を設定してください。

消費者に対する提案と同様、一見適切な指導をしているように思えますが、二つの点で生産者の協力を得にくい内容となっています。

一つは、圃場の大区画化です。これについての農民の希望を拒否し続けてきたのは、農水省であり、県や市町村の行政担当者です。理由は、国が食料輸入政策をとり続けていくうえで、日本農業の振興は必要ないと考えたからです。田畑が点在しているため一カ所に集めたいという農地集積や、生産をしている農地に隣接する休耕地を借りて農地集約をしたいと希望する農家に消極的な対応しかしてこなかった農水省や自治体が、いまさら低コスト化のために圃場の大区画化を提言したからといって、すぐに信用できるものではありません。

二つめは、有機一〇〇倍運動と特別栽培農産物の生産を推し進めることが食料自給率の向上になる、という提言です。有機農産物やそれに準ずる特別栽培農産物を生産しなさい、というのは「言うは易し、行うは難し」であることは、農の現場にいる者であれば誰もが知っています。もちろん筆者は、農薬や化学肥料を多用することに賛成するつもりはありませんが、農薬や化学肥料を一切つかわない農業を、東京という巨大都市に隣接する埼玉県に求めることは、二酸化炭素を排出するからといって、自動車や船舶、飛行機の使用を禁じ、電車、自転車、徒歩、ヨットなどによる移動に制限するのに等しい非現実的な考え方で、それでは埼玉県民七〇〇万人の胃袋を満たすことはできません。

有機農産物だけを生産しようという生産者は尊敬に価します。そのような生産者は、県に強制されたから生産しよう、などとは考えません。そうした志に共鳴して有機農産物だけを買う消費者や、価格が高くても安全性を重視して購入する消費者もいるでしょう。しかし、有機農産物の生産と購入を県民全員に強要するような行政は、現実がみえていないとしかいえません。「皆で有機農業が可能な環境づくりに努力していきましょう」というのであれば、反対する人はいないと思いますが……。

本当の「地産地消」とは何か

ここで留意しなければならない点があります。「地域で食べる食料は地域でつくる」は一般的に「地産地消」と表現されています。農水省が編集している「食料・農業・農村白書」のなかでも地産地消をすすめる記述がありますが、狭義の意味でのつかい方にとどまっています。

例えば、近年、都市近郊の農家による庭先販売、数軒の農家の生産物を集めて販売する産地直売店、地域の農家が集まって食品を販売するファーマーズマーケットなどを、よくみかけるようになりました。

規模に多少の差はあっても、農家が消費者に直接販売する場が増えてきたことは確かです。しかし、販売量は限られていて、決して地域社会の食料消費量を満たすものではありません。これでは狭義での地産地消にすぎないのです。

これに対して、筆者が提案する「地域で食べる食料は地域でつくる」というのは、「新しい地方の時代」の項でも触れたように、地域の活性化により地域単位で食料自給率を高め、結果として、日本全体の食料自給率が一〇〇%に近づいていくという、広義な意味での地産地消です。これは、地域のくらしを充足させることを目的にした地産地消だということができます。

単に、農家が卸売市場に出荷するより高値で販売できたとか、消費者がたまたまスーパーマーケットで買うより新鮮でおいしい農産物を安く買うことができた、というような無計画な流通システムではありません。「農」と「食」と「地域」が一体となって食料の自給態勢をつくり、地域社会の再建、自立へと結びつけていくことが、本当の意味での地産地消です。

しかし、そういった地域の自立を阻むものの姿が、最近はっきりとみえてきました。

それは日本の農業政策そのものです。

例えば、「農地法」には「農地はその耕作者みずからが所有することを最も適当であると認め」るとあります。耕作者とは農民のことです。農地を耕している農民がその農地の所有権者であれば、耕す農民の励みにもなり、次の世代に農地を引き渡す場合を考えても、もっとも合理的だと思われます。所有する農地で多くの収穫を得れば、おのずと消費者の食生活も豊かになり、地方や国も安定します。このような「農地法」の考え方に反対する国民など、誰一人いないと思います。

しかし、現実は違うのです。国によって法律が恣意《しい》的に運用されているため、現実には耕していなくても「農地」を所有している人が数多くいます。国が、農地を耕していない人でも「農家」として認めているわけです。そして、次の世代に引き継いでいくべき農地が、資産として売却されることまで国は認めているのです。

国民も、大農地が大工場に変身していく姿を黙認してきました。経済成長のためには仕方がない、宅地になっていくのも仕方がないと、多くの国民が国の姿勢を社会問題にもしてこなかったのです。

そしていま、わが国の国民は、食料供給に関して、国外にも国内にも期待ができないという孤立した状況に置かれています。

この状況から脱する鍵は、中央に依存する地域社会にではなく、自らの意志でつくり上げた自立した地域社会にあります。一つひとつの地域社会で食料の自給態勢が確立されていけば、その集合体である日本も、食料自給率一〇〇％の国となることが可能になります。

そのためには、それぞれの地域で、地域性を生かした食料自給のための計画を作成し、実践することです。消費者が主導して消費量を算出し、農家がそれに基づく生産計画を立て、地域が実現に向けて対応する。それが、本当の「地産地消」なのです。

自給を可能にする方法

ここまで筆者は、食料の自給を可能にする方法をその都度提案してきました。最後に、その内容をもう一度箇条書きにまとめておきたいと思います。

1 「地域で食べる食料は地域でつくる」

地域社会で、「食べる」ことと「つくる」ことのためのシステムを構築し、結果としてわが国の食料自給率一〇〇％を達成することが、広義での「地産地消」です。

2　「地域の仕組み」

生産者、消費者、地域の行政が対等に話し合える「地域農業活性化会議」（仮称。以下「会議」）を各地域で組織します。この会議を地方自治体が支援するというのが望ましい体制です。ただし、都道府県の農政部の下部組織に組み入れられてしまうと、農政部は農水省の支配下にあるため、現在と変わらない上意下達の体制になってしまいます。それでは「会議」の存在意義がありません。行政からの独立性を保ったうえで、「地産地消」のための地域内での自給態勢の確立を目的とすることが肝要です。

3　「会議の構成員」

地域住民全員参加を基本とし、食料の生産者、消費者、流通業者、食品販売店、食品メーカー、思郷民などで構成します。この構成員が一体化することで「地域で食べる食料は地域でつくる」ことが可能になります。

4 「消費者本位の対策」

「会議」は、生産者から消費者への食料の流通を簡素化、円滑化するための方策について話し合います。地域で生産された農産物価格の低減化を可能な範囲で図りつつ、安定的供給を可能にするため、地域の農産物や食料品に限定した「農産物直売所」を設営します。販売方法は、バラ売りを原則とします。店舗規模は、地域内の生産量と消費量を考慮して決定します。農産物の価格決定については、生産者や消費者にも価格決定権を持たせるため、原則的に「会議」が決定します。ただし、価格決定の基準は、輸入食料との競争も踏まえ、消費者のニーズに応えるものでなければなりません。また、加工品を含めた豊富な品揃えを実現するために、地域への食品メーカーの誘致が重要なファクターとなります。「農産物直売所」は、新設するか、あるいは地域のスーパーマーケットなどを衣替えさせるか、その地域の特性にあう決定をすればいいのです。

5 「地域の自立と社会貢献」

東京や大阪のような人口密度の高い地域では、生産性の高い、高付加価値農業の導入などを検討する必要があります。食料供給のほぼすべてを他地域に依存している東京や大阪のような地域が、少しでも「自立」して自給率を向上させることが、日本全体の食料自給率向上の鍵となります。食料の自給態勢は、地域における生産者、消費者、行政の対等な活動によって支えることができます。また、食料の安全性や安定的供給は、社会生活全体を向上させ、地域経済の活性化に大きな貢献をします。地域経済が活性化すれば、それは必ずや日本経済全体にも好影響を与えると思われます。

いまこそ、食のピンチをチャンスに変える好機です。消費者一人ひとりの意識が、わが国の食料自給実現への力となるのです。

食料自給率は、社会を映す鏡です。そこには、国の考え方や社会の姿が明瞭に映し出されます。いま日本は、国民の英知を結集し、自国内で〝生育が完結している〟ことを基本とする農産物、畜産物、水産物の持続可能な生産システムを確立して、食料自給率一〇〇%の国づくりを目ざさなければならない時期を迎えているのです。

1 平成一九年度「食料需給表」一一八頁
2 同前、一四四頁
3 同前、二七六―二七七頁
4 『日本国勢図会 2004/05年版』二五八頁、『日本国勢図会2008/09年版』二五四頁
5 平成一九年度「食料需給表」二五八―二五九頁
6 平成二〇年版「食料・農業・農村白書」一七七頁
7 平成一九年度「食料需給表」二六〇頁

おわりに

食料自給率を向上させるための農業振興の手段として、フリーターやニートと呼ばれる人々を農業に従事させたらどうか、外国人労働者を就農させたらどうか、徴兵制度ならぬ徴農制度をつくり、「農役」を課したらどうか……などといった一部の意見があります。

しかし、どの仕事でもそうでしょうが、農業は強制的に就労させてなんとかなるものではありません。

イギリスには、スーツ姿で農場に出勤し、現場で作業着に着替え、終わるとまたスーツ姿で帰宅する青年たちがいます。ドイツには、仕事が終わったら、ドレスアップしてホームパーティーに興じたりオペラ鑑賞に出かける農家の人々が大勢います。

そういったライフスタイルが可能なのは、適正な労働時間と安定した所得、清潔な作業内容、食料を生産している農業従事者としての誇り、そして、農家の社会的地位の高さなどという条件がある程度満たされているからです。

筆者が描く近未来の夢は、大卒者、高卒者の就職希望ランキングで、農業がナンバーワンの職種になることです。

世界各地では、水をめぐる内紛や戦争が勃発しています。しかしわが国は、水害はあっても、日常的に飲み水に事欠いたり、農業用水が不足するといったことはほとんどありません。肥沃な土地に恵まれ、温度、湿度、日照時間など、農業生産にとってはきわめて恵まれた自然環境を有しています。

食料自給率の回復は、困難であっても、決して不可能なことではありません。もし、自給率が回復されれば、国民にとっての「安心」になると同時に、アメリカ、アジア諸国などとの関係も、日本独自の視点からみることができるようになるでしょう。

私たちがつくった食べ物を私たちで食べるという「食」の原則に立ち、いまできることから実践していく。このことが大切なのです。

ともすると感情が先走り、乱脈になりがちな筆者に、冷静なアドバイスをしてくださった法政大学社会学部の石坂悦男教授、コーディネーションをしていただいた田崎壽氏、筆者の〝農と食の社会学〟という考え方に賛同してくださっている「都市問題」編集長の北村龍行さん、法政大学における筆者の講義に助力してくれている「農と食の研究会」の皆さん、ありがとうございました。

また、本書の出版にあたっては、集英社新書編集部の千葉直樹さんには、諸資料の提供、適切な文章表現のアドバイスなど、多大なご尽力をいただきました。心より感謝申し上げます。

島崎治道

二〇〇九年八月

主な参考文献

ＦＡＯ諸資料
『イミダス』集英社
『知恵蔵』朝日新聞社
『世界国勢図会　２００６／０７年版』矢野恒太記念会、二〇〇六年
『世界国勢図会　２００８／０９年版』矢野恒太記念会、二〇〇八年
『日本国勢図会　２００８／０９年版』矢野恒太記念会、二〇〇八年
『データブック　オブ・ザ・ワールド　２００９年版』二宮書店、二〇〇九年
平成一八年版「食料・農業・農村白書」農林水産省、二〇〇六年
平成二〇年版「食料・農業・農村白書」農林水産省、二〇〇八年
平成二一年版「食料・農業・農村白書」農林水産省、二〇〇九年
平成一八年度「食料需給表」農林水産省総合食料局、二〇〇八年
平成一九年度「食料需給表」農林水産省大臣官房、二〇〇九年
『最新　食料・農業・農村基本計画』大成出版社、二〇〇六年
『農林水産統計』農林水産省大臣官房統計部
「世界の統計　２００９年版」総務省統計研修所、二〇〇九年
「日本の統計　２００９年版」総務省統計研修所、二〇〇九年

「世界食料農業白書　２００７年報告」国際農林業協働協会、二〇〇八年
『アメリカ小麦戦略』高嶋光雪著、家の光協会、一九七九年
『長期経済統計　６　個人消費支出』篠原三代平著、東洋経済新報社、一九六七年
『農林水産省』尾上進勇・川北隆雄編、インターメディア出版、二〇〇二年
『農業と食料のしくみ』藤岡幹恭・小泉貞彦著、日本実業出版社、二〇〇七年
『農業のしくみ』有坪民雄著、日本実業出版社、二〇〇三年
『フードクライシス』金丸弘美著、ディスカヴァー・トゥエンティワン、二〇〇六年
『最新　農業の動向とカラクリがよ～くわかる本』筑波君枝著、秀和システム、二〇〇六年
『日本の食と農』神門善久著、ＮＴＴ出版、二〇〇六年
『新版　社会・労働運動大年表』労働旬報社、一九九五年
『フード・マイレージ』中田哲也著、日本評論社、二〇〇七年
『日本の農業史』松山良三著、新風舎、二〇〇四年
『［図説］人口で見る日本史』鬼頭宏著、ＰＨＰ研究所、二〇〇七年
『食料自給率の「なぜ？」』末松広行著、扶桑社、二〇〇八年
『農業再建』生源寺眞一著、岩波書店、二〇〇八年
『食糧問題ときみたち』吉田武彦著、岩波書店、一九八二年
『日本の農業』原剛著、岩波書店、一九九四年
『食の世界にいま何がおきているか』中村靖彦著、岩波書店、二〇〇二年

島崎治道（しまざき　はるみち）

一九三九年静岡県生まれ。法政大学社会学部卒業。法政大学社会学部兼任講師（「農業・食料論」担当）、同大学院「食と農」研究所特任研究員。九〇年から〇一年まで、埼玉県「二一世紀むらづくり塾」アドバイザーをつとめる。著書に『楽しい商いの道』（三省堂出版）『どうする農と食』（ディーティーピー出版）などがある。

食料自給率《しょくりょうじきゅうりつ》100%を目《め》ざさない国《くに》に未来《みらい》はない

集英社新書〇五一〇B

二〇〇九年九月二二日　第一刷発行
二〇一三年一二月七日　第三刷発行

著者……島崎治道《しまざきはるみち》
発行者……加藤　潤
発行所……株式会社集英社
東京都千代田区一ツ橋二-五-一〇　郵便番号一〇一-八〇五〇
電話　〇三-三二三〇-六三九一（編集部）
〇三-三二三〇-六三九三（販売部）
〇三-三二三〇-六〇八〇（読者係）

装幀……原　研哉
印刷所……凸版印刷株式会社
製本所……ナショナル製本協同組合

定価はカバーに表示してあります。

ISBN 978-4-08-720510-7 C0261

a pilot of wisdom

原発の闇を暴く　広瀬 隆／明石昇二郎
伊藤Pのモヤモヤ仕事術　伊藤隆行
電力と国家　佐高 信
愛国と憂国と売国　鈴木邦男
事実婚 新しい愛の形　渡辺淳一
福島第一原発―真相と展望　アーニー・ガンダーセン
没落する文明　萱野稔人／神里達博
人が死なない防災　片田敏孝
イギリスの不思議と謎　金谷展雄
妻と別れたい男たち　三浦 展
「最悪」の核施設 六ヶ所再処理工場　小出裕章／渡辺満久／明石昇二郎
ナビゲーション「位置情報」が世界を変える　山本 昇
視線がこわい　上野 玲
「独裁」入門　香山リカ
吉永小百合、オックスフォード大学で原爆詩を読む　早川敦子
原発ゼロ社会へ！ 新エネルギー論　広瀬 隆
エリート×アウトロー 世直し対談　堀田 力／玄 秀盛

自転車が街を変える　秋山岳志
原発、いのち、日本人　浅田次郎／藤原新也ほか
「知」の挑戦 本と新聞の大学Ⅰ　一色 清／姜 尚中ほか
「知」の挑戦 本と新聞の大学Ⅱ　一色 清／姜 尚中ほか
東海・東南海・南海 巨大連動地震　高嶋哲夫
千曲川ワインバレー 新しい農業への視点　玉村豊男
教養の力 東大駒場で学ぶこと　斎藤兆史
消されゆくチベット　渡辺一枝
爆笑問題と考える いじめという怪物　太田 光／NHK「探検バクモン」取材班
部長、その恋愛はセクハラです！　牟田和恵
モバイルハウス 三万円で家をつくる　坂口恭平
東海村・村長の「脱原発」論　村上達也／神保哲生
「助けて」と言える国へ　奥田知志／茂木健一郎
わるいやつら　宇都宮健児
ルポ「中国製品」の闇　鈴木譲仁
スポーツの品格　桑田真澄／佐山和夫
ザ・タイガース 世界はボクらを待っていた　磯前順一

a pilot of wisdom

集英社新書　好評既刊

今日よりよい明日はない
玉村豊男　0498-B

反グローバリズム、地産地消の精神を唱える著者が、成熟した社会に生きる日本人によりよい生き方を提言。

中国の異民族支配
横山宏章　0499-A

孫文をはじめ、中国近現代史の重要人物の言葉を検証し、現在も続く中国の異民族支配の論理をあぶりだす。

江戸のセンス
荒井 修／いとうせいこう　0500-F

扇子職人であり江戸庶民文化の生き証人でもある荒井修の膨大な知識を案内人いとうせいこうが引き出す。

振仮名《ふりがな》の歴史《れきし》
今野真二　0501-F

『日本書紀』からサザンオールスターズまで。日本語表現の強力なサポーター、振仮名の本邦初の解説書！

公平・無料・国営を貫く英国の医療改革
武内和久／竹之下泰志　0502-B

崩壊寸前から復活を遂げた英国の医療改革の全貌を紹介、日本の医療制度改革へ向けた具体策を提言する。

俺のロック・ステディ
花村萬月　0503-F

一九六〇～七〇年代のロック黄金期を俯瞰するガイドブックにして、初心者も通も必読の萬月流ロック論。

誰でもなる！ 脳卒中のすべて
植田敏浩　0504-I

生活習慣の変化で若年層にも広がる脳卒中。予防法、治療法、後遺症で苦しまないための最新情報を紹介。

ガンジーの危険な平和憲法案
C・ダグラス・ラミス　0505-A

今日まで黙殺されてきたガンジーの憲法案。日本国憲法九条とは異質な戦争放棄思想の新たな価値を探る。

日本の女帝の物語
橋本 治　0506-B

飛鳥奈良時代。女性の権力者を生むことのできた「天皇家だけの特別」とは何かを考える歴史のミステリー。

熱帯の夢〈オールカラー〉
茂木健一郎　写真＝中野義樹　014-V

動物行動学者・日高敏隆氏と脳科学者がコスタリカの大自然を行く。生物多様性の豊かさを感じる旅の記憶。